CAUSERIES

A DEUX

SUR LE

SALON DE 1857.

SENLIS,

Imprimerie et Lithographie de REGNIER,

Rue de Beauvais, 5.

1857.

C.

CAUSERIES

A DEUX

SUR LE

SALON DE 1857.

—————————

I.

LE PUBLIC. — LES ABSTENTIONS.

Paris a décidément le privilège des expositions; elles s'y
succèdent sans interruption, et l'on voit le vaste palais qui
leur sert d'abri se remplir tour à tour de fleurs, d'animaux,
de machines, de tableaux et de statues. Les panneaux où
se déployaient, il y a deux ans, les riches étoffes de l'Inde,
les fins tissus de la Hollande, les laines moelleuses, les
délicates batistes, toutes les merveilles de l'industrie lin-
gère, supportent maintenant des tableaux, des dessins, des
batailles, des portraits, des paysages, des scènes d'intérieur,
quelques compositions charmantes, d'autres et en plus
grand nombre médiocres, trois ou quatre belles œuvres;
le livret a remplacé le catalogue.

La seule chose que puisse étudier aux premières visites,
un amateur sérieux, — au milieu de tout le tumulte des
premiers jours, alors que les salles sont envahies par une
foule de curieux qui veulent voir les premiers, comme on
veut assister à une première représentation, — c'est le

public. Il n'est guère facile en effet de pouvoir, au milieu de tout ce bruit, de ce chaos de jugements contradictoires qui se croisent autour de vous, se recueillir assez pour juger sainement, sagement, avec impartialité les œuvres qui sont soumises à notre appréciation. Si fort que l'on soit en matière d'art, quelques principes arrêtés qu'on ait, il est impossible d'échapper complétement à l'impression des autres : on subit presque fatalement l'influence des gens qui vous entourent. On raconte qu'un de nos plus habiles critiques, mais qui a la plume mieux taillée qu'il n'a le jugement sûr, avait découvert dans un artiste inconnu une de ces natures primitives, en qui le sentiment du beau et du vrai n'avait pas encore été gâté par les conventions et les préjugés du monde, et qu'il avait coutume de s'en faire accompagner dans toutes les visites qu'il faisait aux expositions; son artiste, guidé par le plus admirable et le plus sûr instinct, mais qui n'avait pas à son service de belles paroles pour manifester son admiration, s'arrêtait infailliblement devant les plus belles toiles et témoignait de son enthousiasme par quelques exclamations sans suite. Le critique les notait avec soin, continuait ainsi sa promenade, marquant chaque étape; puis il abandonnait son compagnon et, reprenant sa course, cherchait à analyser les œuvres ainsi signalées à son attention, en pénétrait tous les secrets, et faisait passer dans son feuilleton tous les trésors de ses découvertes.

Tout le monde n'a pas, et c'est bien dommage, de ces guides sûrs pour diriger son jugement, et il s'en faut certainement de beaucoup que le public puisse en tenir lieu. Cependant il est plus d'une parole, cri de surprise arraché à un spectateur sans prétention, qu'il est bon d'écouter; dans l'imbroglio de réflexions de toutes sortes que l'outrecuidance de plus d'un critique improvisé se permet de lancer dans toutes les directions, il y a par-ci par-là quelques notes justes qu'il faut saisir et auxquelles on doit attacher quelque importance. Il est vrai que les plaisirs de l'esprit, les nobles jouissances de l'âme ne sont pas encore

devenus, malgré les progrès de la civilisation, le partage
de la masse, et que dans la foule de tous ceux qui prétendent les goûter, plus de gens sacrifient à la mode et au
bon ton qu'ils n'obéissent aux vraies inspirations de leur
intelligence. Mais il y a contre toutes ces observations.
d'une vérité générale d'heureuses exceptions, et il faut
toujours tenir compte des exceptions. De plus, Dieu n'a
pas encore si fort déshérité la masse de toute notion du
beau, que les choses qui sont réellement belles ne soient
comprises de tous, ou à peu près ; il y a des œuvres dans
lesquelles l'artiste sait s'élever si haut qu'il semble que
l'admiration s'impose d'elle-même à tous. Ce sont là les
beaux triomphes, ceux qui ne sont réservés qu'au génie, et
il faut le dire hautement à la gloire de nos artistes, ces
triomphes là se voient quelquefois à nos expositions.

Il est aussi à remarquer que le public parisien, celui qui
a fourni à un homme d'esprit de notre connaissance la
fameuse définition de badaud — un parisien en fonction de
curieux, — celui qui trouve toujours du temps à perdre
pour courir à l'étourdie partout où on veut se donner la
peine d'attirer sa flânerie proverbiale ; ce public si nombreux, si tumultueux, si frivole peut être considéré jusqu'à
un certain point comme un public d'élite. En effet, le goût
du parisien doit se former par la fréquence de ces solennités
où on l'invite à juger. S'il fait partie du monde élégant, il a
visité quelques ateliers, bonnes écoles où, au milieu de
choses plus ou moins plaisantes que l'on débite, on recueille
toujours des leçons et des termes ; s'il fait partie du monde
du milieu et surtout s'il appartient à la classe des ouvriers,
il a en général visité les musées et pu se rendre intelligent
par la contemplation des chefs-d'œuvre qu'on a ici le bon
esprit d'exposer tous les dimanches à sa curiosité. Ainsi se
façonne le jugement public ; ainsi se répand partout ce
culte de l'art que des gens chagrins prétendent éteint
parmi nous et qui nous paraît au contraire plus vif et plus
délicat que jamais.

Malgré tout, puisque nous nous sommes mis à défendre,

peut-être à flatter un peu monseigneur le public, nous lui devons dire tout son fait sous peine de passer pour trop faciles ou trop craintifs.

Ce qu'il faut avant tout lui reprocher, et lui reprocher encore, c'est une excessive sévérité; il est vraiment inouï de voir des gens qui ne sont pas tout à fait ignorants des difficultés de l'art, qui tous connaissent et apprécient parfaitement toute l'ingratitude du travail qu'entreprennent les artistes, les juger et les traiter avec cette rigueur, souvent avec ce mépris. Nous ne voulons pas renouveler le parti des incompris. La race en est à peu près morte; on n'en veut plus à aucun prix. Mais enfin il y a fort à parier que ce bon public qui a des entrailles, qui en somme est bon, qui pris homme par homme est peut-être faible, serait désolé s'il pouvait prévoir l'importance qu'un mot frivole lancé en l'air, qu'un geste de dégoût peut avoir sur l'esprit et le cœur du jeune artiste qui l'écoute ou le regarde, et qui a mis certainement à cette œuvre que l'on dédaigne tout son savoir, toute sa patience, l'espoir de son avenir. Encore une fois, si monseigneur le public voulait bien y réfléchir, il se montrerait plus indulgent et plus facile. Autre reproche : il a véritablement la manie des petites choses, des petits cadres, des petites productions. On dirait, à voir avec quel empressement il assiège certains coins du salon, qu'il mesure son admiration à la proportion des toiles avec son appartement; on le trouve en masses serrées autour d'un petit lapin, d'un petit bonhomme qui boit, d'un intérieur bien propre et bien vernissé. Il y a dans ce genre là des choses délicieuses et charmantes; mais c'est un mauvais symptôme à constater que de les voir préférées à des compositions plus sérieuses, plus relevées et qui sont la gloire même des expositions. Enfin, la préférence du public tend à abaisser, ce qu'on a appelé par un emprunt fait à la physique et maintenant consacré dans le langage ordinaire de la critique, le niveau de l'art.

Après avoir ainsi loué tour à tour et blâmé le public, nous ferons comme lui, nous nous mettrons à regretter les

absents. Ce qui frappe en pénétrant dans les vastes salles
de l'exposition, c'est leur vide ; on ne peut se défendre
d'une certaine inquiétude. On cherche autour de soi et l'on
ne reconnaît rien : beaucoup d'inconnus, demain glorieux
peut-être, ont cette année soumis leurs œuvres au jugement
du public ; beaucoup d'artistes nouveaux sont venus chercher là la consécration de leur talent ou la mesure de leur
faiblesse. Par contre, on voit très peu de toiles des artistes
les plus connus et les plus aimés. Ni Ingres, ni Decamps,
ni Delacroix, ni Diaz, ni Couture, ni Troyon, *e tutti quanti*,
tous illustres, quoique à des degrés et dans des genres
divers, n'ont envoyé une toile à l'exposition. On ne sait à
quoi attribuer ces abstentions. Il y a des gens cependant
qui se chargent de tout expliquer. Les plus mystérieux et
les plus fins vous disent tout bas que c'est par politique ;
une fois ce grand mot lâché, il n'y a plus rien à dire ; il est
évident que le sort des élections au Corps-Législatif était
attaché directement à une toile de plus ou de moins au
salon. D'autres plus piquants prétendent que c'est par
dédain ; la chose est plus vraisemblable, la modestie n'étant
pas le défaut le plus ordinaire des artistes : mais l'accusa-
tion n'a plus de valeur contre les noms que nous citions
tout à l'heure. D'autres enfin voient dans cette abstention
quelque chose approchant d'un coup de bourse, une heureuse absence pour faire mousser ses actions, une espérance donnée aux héritiers de pouvoir faire un jour des
expositions dans le genre de celle de Paul Delaroche. Ce
sont là des idées de père de famille fort sages et qu'il faudrait encourager dans les artistes ; cette réflexion a dû être
faite par un habile boursier, homme prudent et sensé qui
sait bien comme on attrape le public. Quant à nous, nous
n'expliquons rien, ne sachant pas les raisons vraies ; nous
nous bornons à regretter, sans vouloir accuser aucun
mauvais sentiment. Que M. Ingres, fatigué de travaux et
de gloire, ne livre plus, même à l'admiration du public,
ses toiles de plus en plus rares, nous comprenons son
abstention ; que Delacroix, qui prépare, dit-on, en ce mo-

ment une œuvre magistrale, n'envoie rien à l'exposition de
cette année, nous pouvons le comprendre. Mais qu'est devenu Couture?

Peu de peintres contemporains ont eu plus de succès
près du public que M. Couture. *Les Romains de la décadence,*
malgré des défauts graves, excitent au musée du Luxembourg une admiration persévérante. Son talent élégant et
gracieux jusque dans ses efforts, flatte le goût du public,
que les études sérieuses et la puissance toujours un peu
austère du génie ne séduisent pas assez.

La réputation de M. Troyon est plus jeune auprès du
public que celle de M. Couture. *Les Bœufs allant au travail*
étaient un des beaux tableaux de l'exposition de 1855. Tout
le monde se rappelle ces animaux vigoureux et solidement
bâtis, ces têtes bien clouées aux épaules, ces grands yeux
tranquilles et rêveurs, ces larges flancs bruns si largement
peints, cette fumée chaude qui enveloppe les bêtes sortant
de l'étable tiède de la nuit, ce soleil blanc de brume et de
rosée, cette campagne encore tout humide et déjà si lumineuse, cette grandeur calme de l'ensemble. Ces remarques
et ces éloges sont du public et non de nous. Le talent de
M. Troyon n'a pas encore atteint sa pleine maturité; mais
il est plus séduisant, plus populaire aujourd'hui que jamais.
Il a créé une manière nouvelle dans le genre qu'il a adopté,
et il en est à cet heureux moment où il se possède pleine-
ment sans s'exagérer encore. Il a rompu avec les bœufs
tels que les comprend Brascassat et a ramené par des
études sérieuses l'art à l'imitation franche du modèle. Qu'il
s'arrête là! Il est en possession du vrai, qu'il ne cherche
pas le *réel.* Notre crainte en ne voyant pas à l'exposition
actuelle de tableaux de M. Troyon, est qu'il ne se prépare
dans un effort solitaire à outrer sa manière; il doit se contenter de la conserver et donner un pendant à son chef-
d'œuvre d'il y a deux ans.

M. Diaz est un fantaisiste; et comme tel échappe à nos
reproches sans échapper à nos éloges. M. Diaz ne dessine
pas; d'aucuns disent qu'il ne sait pas tenir un crayon; cela

nous étonnerait à peine. Mais en revanche, quelle science de la couleur et quelle habileté de pinceau ! Les toiles de Diaz disent toutes la même chose sans se répéter jamais. Le sujet est toujours le même : une femme jouant avec un enfant sur le premier plan; un petit autel avec une tête de satyre au second, et dans le fond une charmante étude du ciel. Mais quelle perfection dans les têtes ! Quelle grâce de poses et de contours ! Il y a, sur la terre des peintres, une vingtaine de poses de convention : les modèles les savent par cœur et ne savent qu'elles; aussi les retrouve-t-on partout. Pour Diaz il n'en est pas ainsi; il a l'indépendance la plus complète. Il jette les bras, campe le torse sur les hanches, incline les têtes sans souci de la manière reçue. Tout chez lui, draperie, agencement des membres, pose, geste, est libre, franc et original; il est sûr de plaire. Il a à ses ordres la lumière; il la jette comme un manteau sur les épaules de ses déesses, la répand comme une rosée sur ses étoffes, la filtre dans le feuillage : il y a des jeux de rayons qu'on dirait pris à Rembrandt. M. Diaz a la plus riche palette du monde; il serait le premier peintre, si la peinture pouvait se passer de dessin.

La supériorité de Decamps est dans l'alliance de ces deux qualités, la couleur et le dessin. Il est grand coloriste; voyez *La Bataille des Cimbres, Les Enfants Turcs sortant de l'école, L'Enfant Musulman et sa Tortue, La Ferme Normande*. Il est grand dessinateur; voyez *La Vie de Samson* et *Les Singes boulangers*. Decamps est à la fois un des talents les plus complets et les plus faciles de notre époque; il est digne de marcher avec les maîtres, lui-même est un maître.

Si nous nous sommes étendus si longuement sur les absents, c'est qu'auprès de nous les absents n'ont pas tort; il serait injuste cependant qu'ils nous fissent oublier les présents, dont les œuvres nouvelles réclameront maintenant toute notre attention.

II.

LE PAYSAGE ET LES PAYSAGISTES. — ÉCOLE HISTORIQUE,
ÉCOLE RÉALISTE, ÉCOLE NATURISTE.

Les paysagistes sont les plus nombreux et les meilleurs
peintres contemporains; il ne faut pas s'en étonner : notre
siècle est admirateur passionné de la nature; depuis les
poëtes de la Restauration, tout le monde à peu près en
France sait aimer la campagne, forêt ou plaine, vallée ou
montagne, lande ou culture, désert aride ou ruisseau à
rives plantureuses : de nos jours les esprits affaiblis peut-
être ne savent plus aussi bien que par le passé goûter les
joies sévères des graves études; l'intelligence s'est désha-
bituée de ces longs travaux qui n'étaient guère qu'un
exercice pour nos pères. On se plaint tous les jours que l'on
néglige trop les recherches ardues et subtiles de la philosophie et de toutes les sciences élevées dans lesquelles se
sont formés les plus grands génies; si nous sommes en décadence de ce côté, nous avons gagné d'un autre, et précisément à cause de cette négligence des préoccupations plus
graves, un sentiment plus vif, plus délicat, plus curieux
des beautés de la nature; nous nous sommes fait une douce
habitude de ces chastes et sereines admirations, de ces
neuves voluptés qui nourrissent et élèvent l'âme. L'air qui
frisonne entre les feuilles, les rivières couvertes d'ombres,
les prairies semées de fleurs et d'insectes étincelants, les
rochers aux arêtes grises et moussues, les grands champs de
blés caressés de la brise, les horizons chargés de moelleux
brouillards ou brûlés d'une chaude lumière, les gorges
sombres dans les montagnes, les sentiers étroits rampant
sous des voûtes de bois, les cascades dont la vapeur flotte
au loin sur la campagne, les fraîches matinées baignées de
rosées, les crépuscules douteux aux ombres allongées sur
la montagne : tout ce luxe de sensations délicates et charmantes, que provoque la vue d'une belle nature rustique,

a pour nous un attrait auquel nous cédons comme malgré nous.

Le public, nourri dans les mêmes sentiments, élevé par les mêmes poëtes, et qui sent la nature, se montre, par une contradiction que nous ne nous chargeons pas d'expliquer, sévère et même un peu dédaigneux envers les artistes qui, pour la reproduire, dépensent toutes les forces de leur talent à lutter contre la magnificence de cette admirable création de Dieu, la campagne ; ce n'est pas une inintelligence : bien au contraire, c'est une méfiance de soi-même, une réserve exagérée, une prudence qui déconcerte par son excès ; on n'ose louer les paysagistes précisément parce qu'on les comprend mieux ; ceci rappelle un peu certains écrivains qui sont restés fort célèbres dans l'histoire des lettres, grâce à leur obscurité, comme si l'inintelligence était faite pour nous donner la meilleure notion du beau et que cette qualité si française, la clarté, ne pouvait être appréciée sérieusement que par les naturels d'outre-Rhin·

Les paysagistes contemporains peuvent, d'après le caractère propre de leurs talents, être rangés en trois groupes : les *idéalistes*, les *réalistes* et les *naturistes*, pour nous servir de mots nés hier, mais commodes, presque indispensables. Les idéalistes veulent peindre une idée en la revêtant des formes d'un paysage, la nature sort de leur atelier perfectionnée et corrigée ; les réalistes contrefont la nature sous prétexte de la copier fidèlement, et la trahissent en ne traduisant que ses mauvais côtés ; les naturistes croient que dans les scènes de la nature comme dans celles de l'histoire et de la vie tout n'est pas également susceptible d'être représenté avec succès, mais qu'il faut choisir, c'est-à-dire sacrifier et préférer, et que c'est là surtout faire preuve d'artistes intelligents. L'école des idéalistes, nous le craignons, n'a plus guère sa gloire que dans le passé.

Les idéalistes découvrent dans la nature qui entoure l'homme le reflet de l'homme et le reflet de Dieu ; par l'effort persévérant de ses facultés, l'âme acquiert du sens de la création une intuition pleine d'un charme grave et religieux; devant la réalité plus ou moins belle d'une scène grande ou petite de la nature, l'imagination s'élève à la contemplation d'une beauté plus sereine et plus parfaite, et saisit, dans des lignes d'abord inintelligibles, l'expression d'une pensée qu'elle finit par parcourir dans toute sa netteté.

Poussin, comme tous les hommes de génie, eut malheureusement des disciples qui l'imitèrent sans le comprendre; de ce qui avait été chez lui une admirable inspiration, ils firent un procédé d'école; le maître avait aimé à mêler dans toutes ses toiles l'homme à la nature, à représenter partout des ruines, des temples, des villas au milieu des splendeurs de la campagne. Les imitateurs vinrent, qui jetèrent leurs compositions dans le même moule et se crurent de grands peintres; ils oubliaient qu'ils n'y mettaient ni sa science profonde ni son originalité; ils copiaient servilement en croyant faire revivre leur illustre chef.

Poussin était le plus grand représentant de l'idéalisme, et ses imitateurs ne garderont de l'idéalisme qu'un nom pour pouvoir désigner leur école, cette école qu'il serait plus juste d'appeler historique.

Poussin, après avoir longtemps erré dans la campagne de Rome et s'être inspiré à loisir de ces grandes lignes si majestueuses et si tristes, peint dans un chef-d'œuvre le sentiment de respect religieux et de recueillement dont son âme est pleine; il traduit, dans les *Bergers d'Arcadie* ou dans la *Grotta Ferrata*, un sentiment propre, une émotion qu'il a ressentie.

Le paysage idéaliste compte, à l'exposition actuelle, MM. Flandrin (Paul), Desgoffe et Bodinier: on sent, en voyant leurs œuvres, que ces artistes, malgré de grandes qualités, sont les derniers représentants d'une tradition qui s'éteint; un homme d'esprit appelait devant nous M. Flandrin le *Philopœmen* du *paysage historique*.

M. Paul Flandrin mérite un peu cette comparaison tristement flatteuse. Il n'a pas de génie, en quoi il ressemble à beaucoup d'autres; mais il a un dessin consciencieux, une couleur sage et une certaine sérénité de composition qui font le charme de ses tableaux ; le paysage au milieu duquel la Chananéenne rencontrant Jésus se jette à ses pieds est un bon tableau : un ciel bleu et chaud verse une lumière abondante sur la campagne ; à l'horizon, des sycomores majestueux groupent leurs masses sombres et cachent à moitié une ville dans les maisons blanches sont baignées de la brume du lointain ; le Christ, suivi de quelques disciples, s'avance par un sentier étroit que les oliviers et les aloès bordent de leur végétation sévère. Ce tableau défend M. Flandrin de l'oubli sans le rappeler à la faveur du public, qui passe indifférent devant une œuvre d'un autre temps.

Ces derniers mots peuvent s'appliquer aux tableaux de MM. Desgoffe et Bodinier. Le *Paysage de la Campagne romaine* prouve que M. Desgoffe est condamné à perpétuité à la reproduction d'une même scène : des arbres plantés avec une régularité qui devrait désespérer un peintre, un ciel sur lequel les objets se découpent à angles droits et par lignes lourdement accusées, un sol épais et sans gerçure. M. Desgoffe prétend qu'un soir qu'il se promenait seul, dans les environs de Rome, la nature s'est présentée à lui sous cet aspect qu'il a depuis si souvent reproduit. On n'a jamais pu savoir ce qu'il y avait de vérité dans ce récit invraisemblable. *Les Fureurs d'Oreste* et *Le Sommeil d'Oreste*, paysages antithétiques, sont deux bonnes études de rochers.

M. Bodinier serait chargé, par des gens malintentionnés, de perdre la réputation du paysage historique, qu'il ne pourrait mieux faire que d'exposer une *Rencontre de bergers et de voyageurs :* des arbres ronds et découpés en ombres chinoises, d'un vert mal éclairé, se détachent comme à l'emporte-pièce sur un ciel d'un bleu lourd et criard ; sur le premier plan, un voyageur, ennuyé sans doute de la campagne au milieu de laquelle M. Bodinier a conduit ses pas, ferme les yeux sans dormir et paraît méditer un plan d'évasion.

Les beaux jours du paysage historique sont passés, et les

peintres qui la représentent n'ont plus qu'à se consoler entre eux comme de grands débris d'une cause à jamais perdue.

L'école des naturistes est la seconde en ordre chronologique; elle date des derniers jours de 1829, elle a déjà ses annales. Les paysagistes de cette école ne cherchent pas à lire dans la nature le dernier mot d'un sentiment ou l'expression plus ou moins compliquée d'une idée mystérieuse; ils admirent la nature simplement, sans parti pris, sans préméditation, sans préjugé; ils ne voient pas dans tous les arbres des sphinx cachant dans des flancs de feuillage des secrets Œdipéens; ils n'aperçoivent pas derrière tous les buissons une Dryade complaisante prête à donner la traduction du paysage au milieu duquel elle se montre; c'est par cette naïveté d'observation spontanée que l'école des naturistes se distingue de l'école historique.

Mais admirer la nature, ce n'est pas admirer sans distinction et sans réserve toutes les scènes qu'offre la nature; il y a dans les paysages comme dans les figures des lignes admirables, et des lignes qui blessent le goût; ce n'est que par des efforts de paradoxe qu'on peut assimiler la plaine St-Denis aux bords du Rhin et les carrières de Montrouge aux glaciers du Mont-Blanc. L'école naturiste le sait, et, ne s'arrêtant pas à la reproduction servile et brutale d'une vue quelconque de la campagne, elle examine, avant de prendre ses pinceaux, si la disposition naturelle des lieux, l'agencement des arbres, l'économie de la lumière, la fluidité de l'air, la valeur des détails offrent une scène digne d'être traduite sur la toile : l'école des naturistes se distingue par là de celle des réalistes.

Les chefs véritables de cette école sont MM. Cabat, Rousseau, Lambinet, François Flers, Daubigny.

M. Cabat fut un des premiers frappé d'excommunication par l'école du paysage historique, et a dû à cette exclusion la nécessité heureuse de se créer une manière propre, un genre excellent. Il est aujourd'hui couvert d'honneurs mérités; il était hier le favori du public; je dis hier, car son

talent a depuis longtemps atteint sa maturité et touche
depuis quelque temps à cette période où il ne peut plus
que s'épuiser et s'altérer. *Les Bords de la Seine à Croissy*
et *L'Ile de Croissy,* les deux seuls paysages de M. Cabat qui
figurent à l'exposition de cette année, prouvent ce com-
mencement de décadence. L'eau n'a plus la même fluidité ;
les arbres ont perdu leurs formes originales et vraies ; les
fonds leur limpidité transparente ; le ciel est lourd, s'em-
pâte malencontreusement et sans éclat ; des nuages d'un
ton crû semblent fixés au firmament pour l'empêcher de
glisser sur terre. On dirait que M. Cabat peint de souvenir
et ne regarde plus la nature que dans ses œuvres passées.

M. Rousseau a exposé six toiles ; la première au livret et
peut-être aussi la première pour le mérite, *Les Bords de la
Loire au Printemps,* est d'une vérité charmante. Le fleuve,
légèrement encaissé dans des gazons d'une pousse fraîche
et riche, reflète dans ses eaux limpides le ciel bleu et clair,
les arbres aux jeunes feuillages, la rive où s'épanouit au
soleil une blanche ferme ; l'air attiédi par les premières
brises chaudes, préludes de l'été, se tamise à travers les
feuilles et baigne de sa fluidité féconde les campagnes encore humides des pluies de l'hiver : à regarder longtemps
la toile de M. Rousseau, on entendrait l'eau couler, les
oiseaux chanter, les arbres frémir sous le vent et ce frisson
mystérieux de la nature en travail de printemps.

Un Moulin sur le Sichon est le titre d'une petite toile de
M. Flers, pleine de mérites et de défauts. Les détails sont
bien étudiés : l'eau s'embarrasse avec beaucoup de vérité
dans les herbages et les roseaux qui chargent et morcellent
de leur végétation luxuriante le bord détrempé de la
rivière. La lumière ruisselle harmonieusement entre les
feuilles bien attachées aux troncs ; l'ombre large et épaisse
assombrit sans les alourdir de gras pâturages ; mais la disposition trop correcte des plans, l'arrangement un peu mé-
thodique des touffes d'arbres, la sagesse minutieuse de
quelques heurts risqués à grand peine, tout atteste une
préoccupation trop timide et trop réservée. M. Flers peint

bien, mais trop vertueusement. Ses tableaux rappellent quelquefois les aquarelles que l'on fait copier aux jeunes personnes qui sortent du Sacré-Cœur.

M. Daubigny a longtemps mérité le même reproche; il est maintenant au-dessus et de beaucoup. *Le Printemps* et *La Vallée d'Optevoz (Isère)* sont deux admirables toiles. La vallée d'Optevoz est cachée entre deux collines nues, tristes, pelées, sauvages, où l'œil devine à peine quelques houx et quelques ronces, traces d'une végétation stérile et maudite. Des ajoncs attristent de leurs tiges longues et huileuses les eaux stagnantes d'une petite mare ou se reflète un ciel terne et mort. Trois canards rappellent seuls un peu de vie dans cette scène d'un caractère de mélancolie surprenante. Ce tableau émeut comme un récit sinistre, et fait sur l'âme une profonde impression. *Le Printemps,* au contraire, est lumineux de promesses, de fécondité et d'espérance. Les arbres secouent aux tièdes caresses d'une brise parfumée la neige de fleurs qui les couvre; les blés verts poussent leurs tiges pressées dans les sillons fumeux; une paysanne montée sur un âne se rend au marché, joyeuse comme le spectacle dont elle est le centre, et calcule sans doute les profits de la moisson qui va venir. Ce tableau suffirait à M. Daubigny pour le mettre au rang des maîtres, s'il ne l'était depuis longtemps.

Il y a dans l'école naturiste un groupe de talents qu'on pourrait taire sans leur faire grand tort, mais dont il vaut mieux parler; les naturistes sucrés. Les artistes entendent par sucré un tableau où se trahit la recherche du joli, de l'agréable, où ils sentent la préoccupation de l'arrangement convenu, plus que le goût de l'art vrai et sérieux; le sucré est un grave défaut à leurs yeux, — c'est une qualité aux yeux du public. MM. Balfourier, Dagnan, Cibot, Hanoteau, Thuillier sont des naturistes sucrés.

Leurs toiles, sagement composées, consciencieusement peintes, propres à l'œil, n'ont rien qui heurte, rien qui étonne, rien qui frappe, mais aussi rien qui émeuve, qui frappe sérieusement. On les regarde; on est content, puis

on passe et on ne revient pas. Le talent n'y fait pas défaut ;
la connaissance des procédés est complète, savante quelquefois. Les détails sont en général soignés et bien étudiés.
Une chose manque, laquelle? L'originalité, cette marque
souvent contrefaite, mais toujours séduisante du génie.
Deux des peintres de ce groupe, MM. Cibot et Thuillier,
habitent les environs, presque la banlieue de Paris ; je ne
m'en étonne pas. La nature qu'ils représentent n'a jamais
de grandes scènes, de lignes majestueuses, d'aperçus franchement pittoresques. La beauté en est mesquine, vulgaire,
toujours parée avec recherche et comme en élégante demi-
toilette. Qu'ils aillent dans les Pyrénées, ou dans le Morvan,
ou dans les Vosges, ils y étudieront une nature sérieusement grandiose, et par l'admiration de ces grandes scènes,
ils apprendront à dédaigner les petites.

M. Bodmer peut être proposé comme un modèle à suivre
aux naturistes sucrés qui voudraient faire pénitence. Je ne
sais pas dans quel bois et au milieu de quelles prairies il a
établi son chevalet, mais quelle franchise dans le dessin
et dans la couleur! Quelle haute vérité d'expression! Quelle
science de la composition! Une petite toile de quelques
pieds nous montre des arbres gigantesques bien séparés,
bien groupés, des ouvertures profondes généreusement
éclairées, un air léger répandu dans tous les feuillages, un
mouvement singulier de végétation : toute une forêt avec
ses grandeurs, ses détails, ses majestés, ses bruits et ses
silences. Voilà un bon tableau.

Il nous reste à parler de l'enfant gâté et insoumis de
l'école naturiste, de M. Corot. M. Corot a cherché l'originalité, et il a bien fait ; mais il l'a trouvée dans un procédé
faux et mesquin ; c'est un malheur ; peut-être un tort.
Pendant les grandes chaleurs, la campagne, surtout dans
les vallées un peu humides, se couvre, vers le milieu du
jour, d'un brouillard lourd, lumineux, transparent, qui
atténue les lignes, confond les formes des objets et étend
sur la nature comme un voile de fine batiste. M. Corot,
un jour, remarqua ce brouillard et, pris pour lui d'une

2

admiration à coup sûr bien innocente, s'efforça de le répandre dans ses paysages. Depuis ce temps, il n'a pas
manqué de le faire, et ses toiles sont baignées avec le plus
grand soin dans cette teinte incolore qui attire d'abord,
charme un moment, puis fatigue bien vite et jusqu'au dégoût. Cette observation, souvent faite à M. Corot, ne l'a pas
corrigé. *Le Concert, Une Nymphe jouant avec un Amour*,
Les Souvenirs de Ville-d'Avray, prouvent que M. Corot a
résolu de mourir dans l'impénitence. Sa conversion eût été
le retour à la bonne voie d'un talent capable de faire très-
bien.

L'école réaliste a un représentant passionné, et peut
compter comme lui appartenant par l'intention et les tendances plusieurs paysagistes qui appartiennent encore à
d'autres écoles. Le paysage réaliste est la nature prise au
dépourvu, dans les lieux les plus disgraciés, sous le jour le
moins convenable.

Je suppose qu'un peintre se soit engagé à faire d'une
très-belle personne un portrait à la fois très-laid et très-
ressemblant. Que ferait-il pour remplir son engagement ?
Il étudierait son modèle dans ses gestes disgracieux, dans
ses moments de malaise, de fatigue ; le placerait sous
quelque jour bien fauve et bien criard ; atténuerait les
lignes régulières et nobles, ferait saillir les traits les plus
imparfaits. Que sais-je ? Avec bien du talent, on ferait de
la Vénus de Médicis la Vénus Hottentote. L'école réaliste
procède ainsi avec la nature.

Un homme de talent n'avait pas de réputation ; il voulut
se faire connaître, et comme rien n'est plus célèbre qu'un
scandale, ni plus innocent qu'un scandale en peinture, il
inventa le réalisme. Depuis ce jour, on parla de lui, d'abord
un peu, puis davantage, puis beaucoup. Aujourd'hui il est
célèbre à l'égal des maîtres, et croit en être un, s'imaginant
que la gloire n'est pas autre chose que le bruit. Les éloges
lui feraient plaisir, mais il se console du blâme qui le fait
connaître, et nous aurions beau critiquer *Les Bords de la
Loue*, nous plaindre d'une prairie lourde et surchargée,

d'un ciel sans air, et d'un horizon sans perspective, nous aurions beau nous montrer sévères jusqu'à l'injustice, M. Courbet serait encore content. Le réalisme est un parti que l'on sert en le combattant.

Malgré l'école du paysage historique qui pèse sur le passé, et l'école réaliste qui menace l'avenir, le paysage en France est aujourd'hui dans tout l'éclat de son apogée. De grands artistes, et en grand nombre, consacrent à ce genre des études sérieuses; le public les récompense par une faveur timide d'abord, mais déjà plus confiante, et que la critique doit encourager parce qu'elle est légitime; les banquiers, qui se croient des Médicis, achètent ces toiles, dont la grandeur est proportionnée aux exigences de l'ameublement; tout promet d'heureux jours au paysage et des succès durables. Ces succès seront toujours mérités si les paysagistes étudient la nature avec goût, sans préjugé, sans parti pris, mais avec le désir sérieux d'y trouver des sujets dignes d'être traduits par eux et ensuite admirés par la foule; s'ils n'obéissent plus servilement à des traditions d'école, et s'ils dédaignent l'interprétation littérale et brutale de ce qu'ils voient, pensant que l'art doit être toujours à la fois œuvre d'observation, de goût et d'intelligence.

III.

DE L'ANCIENNE DIVISION PAR GENRES. — MM. ROBERT-FLEURY, COMTE ET ROUX. — M. GÉROME. — LES JEUNES PEINTRES : MM. BENOUVILLE, CABANEL.

Autrefois, à une époque aujourd'hui perdue dans la nuit des temps les plus reculés, on divisait les peintres en peintres de genre, peintres de batailles, peintres d'histoire, paysagistes, peintres de nature morte, peintres religieux. Ces divisions étaient commodes pour la critique et ne l'étaient pas pour les artistes. Si la critique devait rendre compte d'une exposition — on disait alors un salon — elle parlait d'abord des peintres d'histoire, puis méthodiquement, sans se presser, sans trouble ni embarras, elle descendait à des divisons moins importantes, un peu comme un général range ses soldats en bataillons numérotés pour en passer la revue. Les artistes, de leur côté, devaient religieusement garder leur clôture et ne sortir sous aucun prétexte des limites de leur genre. Avant de faire un choix, il était permis, même conseillé de réfléchir, et Lemierre recommandait en vers le choix sérieux d'une vocation :

Ecoute, jeune Elève, il est plus d'un pinceau :
Vois quel est ton génie, et marche à ce flambeau.
Les dons sont partagés.

(LA PEINTURE, chant 1.)

Mais une fois le choix arrêté, le repentir n'était plus permis; il fallait, bon gré mal gré, rester peintre d'histoire, ou peintre d'animaux, ou paysagiste; faire toute sa vie des marines comme Vernet, des chiens comme Desportes, ou des marquises comme Latour.

Cet heureux temps n'est plus. L'excessive indépendance a remplacé l'excessive servitude. Tel faisait hier des chiens qui fait aujourd'hui des batailles et sera demain paysagiste. Que dis-je? le même chevalet porte souvent trois tableaux de genres différents. Tous les peintres sont excellents dans tous les genres. La critique qui voudrait enregistrer les talents d'après les anciennes règles serait très-embarrassée; elle se tromperait infailliblement.

Les paysagistes mis à part, la critique, pour parler en ordre des différents peintres, doit donc, sans s'occuper de la division des genres aujourd'hui passée de mode, grouper, autant que possible, les talents qui ont entre eux des rapports de parenté, de ressemblance, d'âge, ou de tendances, et parcourir ensuite, sans souci d'autre méthode, les groupes formés avec plus ou moins d'arbitraire.

C'est ainsi qu'il faut parler en même temps de MM. Robert-Fleury, Comte et Roux. Ces trois artistes forment une excellente petite école, dont M. Robert-Fleury est le maître incontesté par la supériorité du talent et de la réputation.

Figurez-vous un peintre qui soit excellent coloriste et bon dessinateur; sage et hardi dans ses compositions; qui ait dans sa manière de l'esprit toujours assez, jamais trop; qui connaisse ses forces et ne les épuise jamais; qui intéresse par le choix du sujet, charme par la perfection du rendu, et plaise en restant sérieux; qui soit original sans jamais chercher l'originalité; qui réussisse dans les détails les plus accessoires aussi bien que dans la conception de l'ensemble; qui n'entreprenne pas des œuvres aux dimensions immenses, mais qui remplisse toujours avec succès les toiles qu'il a choisies; que ce peintre ait eu le rare mérite de se perfectionner toujours dans le genre qu'il a adopté; qui ait commencé par faire de bons tableaux, puis en ait fait de meilleurs, puis de meilleurs encore; que ce progrès continu soit le résultat heureux d'études sérieuses et d'un travail consciencieux; supposez enfin que ce maître soit estimé du public, malgré ses qualités sérieuses : vous connaîtrez M. Robert-Fleury.

Charles-Quint au Couvent de Saint-Just justifie nos éloges et reste au-dessus d'eux.

Une salle immense du couvent ouverte et éclairée, à gauche du spectateur, par une porte qui donne à la lumière un large accès, garnie de peu de meubles, mais tapissée de beaux tableaux, grave et calme comme la scène qu'elle encadre; au milieu, Charles-Quint dans un manteau de soie garni de riches fourrures, froid par l'âge, demi-mort, assis dans un fauteuil à porteurs, se rendant à sa chapelle pour l'office, suivi d'une vingtaine de moines aux robes blanches, précédé de deux majordomes, courtisans cloîtrés, et arrêté en chemin par la rencontre de Don Ruy Gomez de Silva, comte de Mélito; celui-ci à genoux devant le fauteuil impérial, vient de la part de Philippe II; il apporte une lettre qu'il remet à Charles-Quint. A droite du tableau, contre la porte qui conduit à la chapelle, un moine à demi-caché dans une embrasure, se soulève, les mains sur les bras de son fauteuil, et regarde ce qui se passe avec une

curiosité contenue par le respect et une certaine terreur;
au fond, derrière le fauteuil impérial, un autre moine, le
prieur sans doute, s'est arrêté; il est debout, immobile. Il
dirigeait Charles-Quint à la chapelle, et attend qu'il ait lu
la lettre de Philippe II. Le soleil éclaire franchement le bas
de sa robe de laine blanche, mais sa tête, noyée dans le
demi-jour de la pénombre, semble un symbole vivant de
recueillement et d'ascétisme monastique. Plus en avant,
derrière le fauteuil, un moine porte le livre d'heures de
Charles-Quint, et regarde avec une attention discrète le
velours bleu et les fermoirs d'argent de la reliure armo-
riée. Tout dans ce tableau est excellent; les têtes ont une
expression admirable. Celle de l'empereur, livide, sénile,
encore vivante, mais comme hébétée, tremblerait sur les
épaules sans un effort suprême d'énergie et de vanité
royale. Les yeux brillent seuls d'un dernier rayon d'intelligence rusée. Les mains longues, un peu décharnées, mala-
dives, sont pleines de caractère Sur le premier plan, un
seigneur de la suite de l'empereur, le front prématurément
chauve, la lèvre dédaigneuse, le regard hautain et bien
espagnol, la taille droite et cambrée sous le pourpoint noir,
s'ennuie au couvent de Saint-Just, et envie la faveur dont
jouit près du nouvel empereur le comte de Mélito. Les
moines sont sérieux; ils regardent ce qui se passe avec
attention, sans étonnement; leurs joues pâles témoignent
d'une vie rude et méditative. Quelques-uns ont dans les
traits le mysticisme de l'extase; le plus grand nombre, la
placidité un peu morne, mais intelligente, d'hommes déta-
chés du monde. Ils sont bien groupés et sans précipitation
comme des moines, non comme des courtisans. La scène,
ainsi composée, est pleine de silence et de gravité impo-
sante. Ce tableau de M. Robert-Fleury est un chef-d'œuvre.

M. Comte, élève de M. Robert-Fleury, est à la veille
d'être lui-même un maître. Il a cette année exposé quatre
tableaux : *Jeanne Grey, Catherine de Médicis faisant de la
Magie au château de Chaumont, Henri III visitant ses Perroquets, et François Ier chez Benvenuto Cellini.*

Jeanne Grey a donné aux arts le sujet de plusieurs œuvres remarquables. Son origine doublement royale, son goût pour les sciences et la retraite, son refus de la couronne d'Angleterre, la chûte rapide des espérances formées pour elle et dont elle ne partagea que le châtiment, sa captivité, sa tendresse pour son mari, sa résignation et son courage devant la mort, cette vie si courte et si agitée, tranchée à 17 ans sur l'échafaud, ont entouré la fille de la marquise de Dorset d'une poétique auréole. M. Comte a représenté Jeanne Grey dans sa prison, résistant aux argumentations des théologiens envoyés par Marie pour la convertir : il a choisi le moment où lord Guilford Dudley se jette aux pieds de Jeanne pour lui demander pardon d'avoir voulu abandonner la foi protestante. Les deux personnages principaux, Jeanne et Dudley, sont peints avec mollesse, et leur pose est théâtrale; mais les deux théologiens, Gardiner et Feckenham, sont admirables et feraient pardonner des fautes plus graves. Leurs larges robes de soie violette, leur bonnet de docteurs, leurs longues et sérieuses figures, le recueillement un peu austère de leur pose, la fatigue d'une longue discussion, leur pitié pour la jeune femme qu'ils voudraient convertir, ne fût-ce que pour sauver sa vie; tout est rendu avec talent et prouve une observation laborieuse et intelligente.

Les mêmes qualités et non les mêmes défauts se retrouvent dans le *Henri III visitant ses Perroquets et ses Chiens*. Dans une chambre garnie de volières, pleine de perroquets aux brillantes couleurs, de petits chiens aux formes élégantes, Henri III, arrêté près d'un perchoir, montre à sa sœur Marguerite une perruche, dont les ailes d'émeraude brillent sous le regard royal. La jeune reine regarde avec un effroi à demi réprimé les coquetteries un peu menaçantes de l'oiseau. Une jeune femme en robe noire, la tête couverte d'une toque de velours, se penche en avant pour mieux voir, et laisse apercevoir de trois quarts une figure charmante. De jeunes seigneurs et de jeunes femmes, suite et courtisans du roi, se tiennent à

quelques pas en arrière, riant sans doute entre eux des
goûts du maître. Un favori, appuyé contre le pilier de bois
d'une cage, cause dans le fond avec le gardien de cette
élégante ménagerie. Ce tableau est bien composé. L'intérêt
se porte d'abord et naturellement sur les personnages principaux et ne passe que peu à peu à l'examen des détails.
La tête du dernier des Valois est excellente de vérité et de
caractère : les yeux sont faux et sans limpidité; les lèvres
blanches et serrées marquent la débauche et la cruauté;
l'assurance cherchée de la démarche, la fierté du roi cache
mal la faiblesse du caractère. La tête de Marguerite, plus
fine peut-être que celle de son frère, est un portrait; une
duplicité féline et ironique se lit dans le regard oblique et
vague. Les costumes sont traités avec beaucoup d'art et de
goût, et la jeune femme en noir ramène sa robe traînante
avec un geste d'une exactitude parfaite. Dans un coin du
tableau, deux singes font d'horribles grimaces, craignant
qu'on passe sans les remarquer.

*Catherine de Médicis faisant de la Magie dans son château
de Chaumont* ne ressemblait pas à cette duègne épouvantée
que nous montre M. Comte. Ruggieri lui donnait sans
doute un spectacle étrange dans ce miroir magique où elle
voyait les Valois s'éteindre sans postérité les uns après les
autres jusqu'au dernier et laisser le trône à Henri de
Bourbon; sans doute aussi l'étonnement fait saillir les yeux
de l'orbite, ouvre les lèvres et agite les bras qui tremblent;
mais toutes ces raisons ne justifient pas M. Comte : il ne
faut pas peindre la terreur et l'étonnement, si les caractères
de ces émotions ne peuvent se traduire que par la grimace
des traits et l'exagération des poses. Le peintre a racheté
cette faute par des détails excellents; le fond de la chambre,
les tapisseries passées de couleur, le vieux lit séculaire et
royal, la fenêtre étroite aux vitres frangées de plomb, la
table chargée d'alambics, de figurines, de cornues, de cas-
solettes, de miroirs, de vieux livres, tout le second plan
perdu à moitié dans un clair-obscur bien compris, témoignent d'un grand talent.

M. Roux, dont le nom suit naturellement celui de M. Comte, a exposé un vrai petit chef-d'œuvre et deux bons tableaux.

Claude Lorrain, d'un angle du forum, promène un regard recueilli sur la scène, que le soleil du soir éclaire, comme pour lui, de ses derniers rayons. La place, baignée de lumière, est large, silencieuse, pleine de gravité et d'une grandeur calme; les monuments qui l'entourent sont sérieux comme les témoins vieillis de grands événements; les temples à demi-ruinés dressent dans le lointain leurs portiques déserts. L'artiste, enveloppé dans un vaste manteau d'un rouge bien éteint, est assis sur quelques débris de colonne, le dos presque tourné au spectateur. Sa pose est celle de la méditation, facile, pensive, presque religieuse. Le tableau, petit de dimension, vaut les plus grandes toiles et a le mérite précieux de donner beaucoup à penser. *L'Atelier de Rembrandt* est une imitation un peu forcée, mais heureuse de Rembrandt; l'escalier tournant dont les dernières marches sont chargées d'ombre, la fenêtre aux petites vitres, tamisant un clair obscur discret, le parquet éclairé par place, les détails bien assoupis et bien éteints dans l'obscurité des angles, la tranquillité comme aussi la grandeur un peu indéfinie de la pièce, tout rappelle les toiles du maître de la Haye. Ce souvenir est à la fois un compliment et un reproche. Il est quelquefois dangereux de très-bien réussir avec la manière des autres. Le *Bernard Palissy posant les bases de la géologie, et donnant le premier la théorie des sources, des dépôts de fossiles, de la génération des animaux*, est un bon tableau, mais difficile à comprendre.

La transition de M. Roux à M. Gérôme est celle du silence au tapage. M. Gérôme paierait une grosse pension à la Renommée pour crier sa gloire par ses cent bouches, qu'il ne serait pas plus connu du public, qu'il ne l'est depuis deux mois.

Vous avez vu *La Sortie du Bal?* — Non, pas encore. — C'est charmant, n'est-ce pas? — Je le pense. — C'est délicieux! — Je le crois. — Comment, vous n'êtes pas admira-

teur passionné de ce tableau? Vous ne l'avez donc pas vu?
— Non, pas encore, vous ai-je déjà dit. — Ah! mais, c'est
impardonnable d'être ainsi en retard; allez vite : c'est
admirable. Tel est l'invariable refrain qui précipite devant
la petite toile de M. Gérôme les recrues de l'admiration.
Avant de savoir où l'on va, on est poussé, enlevé, porté; la
lorgnette vient d'elle-même se placer devant l'œil; le livret
s'ouvre tout seul à la page convenable pour lever les doutes,
s'ils étaient possibles; des voix murmurent à l'oreille les
éloges les plus hyperboliques.

Cet engouement du public a sa raison d'être. M. Gérôme
peint assez bien des sujets très-intéressants. Les Athéniens
ont toujours besoin qu'on leur raconte des histoires, et le
petit roman de M. Gérôme exciterait des curiosités plus
blasées que les nôtres. Arlequin et Pierrot se sont rencon-
trés au bal masqué; la rencontre a amené sur les lèvres
d'Arlequin un mot blessant pour Pierrot; Pierrot s'est
fâché, et il a remis sa carte à Arlequin; mais Arlequin et
Pierrot avaient, pour jouer leur rôle en conscience, bu plus
de vin de Champagne qu'ils ne devaient; aussi ne sont-ils
pas hommes à attendre au lendemain pour vider leur que-
relle. Il fait nuit; la neige éteint sur les pavés le bruit des
voitures; on part pour le bois de Boulogne et ce qui est pis,
on y arrive. On laisse les fiacres au coin d'une avenue, et
on cherche dans un fourré un espace libre; on mesure les
épées, on place les adversaires. M. Gérôme est arrivé avec
son pinceau, au moment où Pierrot venait de recevoir en
pleine poitrine le coup d'épée d'Arlequin.

La neige est battue par les pieds, sale et tâchée de sang.
Les témoins relèvent Pierrot; mais il est mort, tué sur le
coup. La farine, dont il s'était fardé, est à moitié tombée;
la face est pâle, humide d'une sueur froide, grimaçante;
les lèvres sont pressées l'une contre l'autre; les doigts
crispés serrent encore la poignée de l'épée. Arlequin s'en
va d'un autre côté, vite, sans se retourner; il a fait un mauvais coup : il le comprend; la vue du sang l'a dégrisé; il se
hâte; un camarade lui donne le bras. Dans un moment, on

ne les verra plus. Il est sept heures du matin ; mais on est en hiver ; c'est à peine si l'horizon allume les lueurs du petit jour au bout des longues avenues, blanches de neige, où les fiacres sont arrêtés. Ce petit drame émeut jusqu'au fond de l'âme. Ce que M. Gérôme ne dit pas, se devine faci- lement ; ce qu'il dit frappe avec une singulière puissance d'intérêt.

Le mérite de ce tableau est dans le choix du sujet : l'exé- cution est assez bonne ; mais ses qualités ne suffiraient pas à attirer l'attention dont M. Gérôme est l'objet. Il faut féli- citer le nouveau favori du public d'avoir eu une heureuse idée et de l'avoir rendue avec une vérité suffisante pour émouvoir vivement ; mais on doit atténuer par quelques réticences pleines de respect les éloges sans mesure que l'on suggère à la critique.

La jeune école sérieuse compte dans ses rangs les pre- miers élèves de l'école de Rome. MM. Benouville, Cabanel, Baudry, Bonguereau, ont, chacun dans leur temps, rem- porté le prix de Rome. C'est une gloire qu'il doivent sou- tenir et ils le font.

M. Benouville a marqué ses débuts par un chef-d'œuvre, une des richesses du musée du Luxembourg, *La Mort de Saint François d'Assises*. Ses nouvelles œuvres ne font pas oublier la première.

> Deux pigeons s'aimaient d'amour tendre ;
> L'un d'eux s'ennuyant au logis,
> Fut assez fou pour entreprendre
> Un voyage en lointain pays.

M. Benouville a inscrit un commentaire en marge de la fable des deux pigeons. Une jeune fille, la toilette en dé- sordre, les cheveux épars, l'air à demi-rassuré, ouvre la porte à un jeune voyageur ; c'est le soir ; le vent bat les vitres, la pluie fouette, le temps est triste, sombre ; le voyageur a froid ; il est fatigué ; ses pieds meurtris ne le soutiennent plus ; ses vêtements sont couverts de boue. Les têtes sont bien peintes, quoique avec un peu de mollesse ;

le défaut principal de ce tableau est dans le choix du sujet. M. Benouville n'a pas lu le Laocoon de Lessing, cet excellent manuel de haute esthétique; il aurait vu que les arts de l'imagination ont des exigences diverses et des lois souvent contraires, et il n'eût pas fait la faute de traduire sur la toile à coups de pinceau la fable des deux Pigeons de Lafontaine. Un sujet charmant, traité par un poète, perd souvent toute sa grâce en devenant un tableau; toutes les muses sont sœurs, mais chacune d'elles est jalouse, et quand une idée lui convient, elle ne la partage pas. La toile de M. Benouville n'émeut point; elle rappelle les vers de Lafontaine comme les Géorgiques de Delille rappellent les vers de Virgile.

Dans le *Poussin sur les bords du Tibre*, M. Benouville a trouvé une heureuse simplicité de composition. Poussin, assis sur les bords du Tibre, regarde deux Transtevérines puiser de l'eau dans le fleuve. Cette scène lui suggère sa belle composition du *Moïse sauvé des eaux*, son sujet favori. Le groupe des femmes au premier plan est bien composé et admirablement compris. Quelques-uns trouvent les gestes et les attitudes trop théâtrales; ils se trompent. La femme du peuple est à Rome ce qu'elle n'est nulle part ailleurs, majestueuse dans ses moindres mouvements. Sa pose, rarement étudiée, est toujours admirable et sans coquetterie, ses gestes, sa démarche, ses mouvements de tête ont une dignité sculpturale; il y a en elle comme une dernière tradition de dignité et de majesté romaine. Cet éloge est particulièrement vrai des femmes des Transtevères, la population de Rome où le sang s'est conservé le plus pur et où vivent encore dans toute leur vérité les caractères de la race. M. Benouville a le mérite d'avoir bien observé et bien rendu la beauté de ses modèles. Son séjour à Rome n'a pas été sans profit pour lui et pour le public.

M. Cabanel, frère de M. Benouville par la manière et le talent, a interprété heureusement une idée de M. Scheffer.

Tout le monde, en voyant *Boniface et Aglaé*, se rappelle *Saint Augustin* et *Sainte Monique*. La composition est la même ; dans le lointain, la Méditerranée roule les mêmes flots sous un même ciel bleu ; la différence est toute entière dans les têtes.

Boniface et Aglaé, las des voluptés de la décadence romaine, brisés de plaisirs et de nuits sans sommeil, saisis de la satiété de la joie, la plus cruelle de toutes parce qu'elle est un remords, mélancoliques et rêveurs par fatigue, silencieux par nonchalance, regardent l'horizon, les lignes bleues de la mer Thyrrénienne, l'admirable pureté du temps, les vagues paisiblement roulées par la brise, le rivage à peine couronné d'une bandelette d'écume ; puis, peu à peu et comme à leur insu, l'idée de Dieu, le souvenir des dogmes chrétiens, dont Rome commence à s'inquiéter, la rêverie sérieuse, « dont la grâce de Dieu pénestre et adoucit leurs âmes, » viennent éclairer leurs regards d'une pensée pure et religieuse ; encore un peu, ils seront des saints, et le baptême purifiera leurs fronts que les fleurs flétries de l'orgie couronnent encore de leurs débris effeuillés. Ce passage de l'âme fatiguée du monde à Dieu est parfaitement rendu par M. Cabanel. Boniface, portrait où les jeunes peintres retrouvent la figure aimée d'un des leurs, détache sur le fond bleu du ciel un profil régulier et plein de caractère ; Aglaé est tout à la fois ardente de passions et calme d'ennui : ses yeux noirs n'ont pas encore éteint dans les larmes de la pénitence leur éclat de feu. Le tableau est religieux, sans être un tableau d'église. On peut reprocher à M. Cabanel un peu de langueur dans les lignes, mais ses qualités sérieuses font espérer qu'il se corrigera de ce défaut et affermira sa manière.

Othello racontant ses Batailles est une gravure de Keepsake. Othello, les jambes croisées comme un spadassin langoureux, appuyé sur une balustrade, une main sur son épée, l'autre étendue vers le ciel, n'est en rien le Maure de Shakspeare, aux passions de feu, farouche de jalousie. Desdémone l'écoute comme une femme dans un concert écouterait une symphonie agréable. Elle est attentive par intérêt pour le récit, non par passion pour le narrateur.

Le vieux Brabantio a une figure vulgaire et bourgeoise, comme on en voit beaucoup, mais comme il n'en faut jamais peindre.

IV.

JEUNE ÉCOLE *(suite)* : MM. BOULANGER (RODOLPHE), BAUDRY, BOUGUEREAU. — UN VÉTÉRAN DE LA JEUNE ÉCOLE : M. JALA-BERT. — MM. COURBET, LELEUX.

M. Boulanger revient de Rome, en passant par l'Algérie. Il a rapporté d'Italie un *Passage du Rubicon*, et du Sahara une étude d'*Eclaireurs Arabes*.

Le passage du Rubicon ne ressemble en rien à celui de la Bérésina : aussi ne doit-on pas les traiter de la même manière, en dépit des exemples fameux laissés par l'école du baron David. Aux beaux temps de l'Empire, où florissait cette école républicaine, on ne pouvait assez s'inspirer de la Rome guerrière, et cette Rome même était assez mal comprise : elle se résumait alors, aux yeux des fervents admirateurs de son fier gouvernement et de ses mœurs farouches, dans un certain appareil pompeux d'hommes, d'armes, de chevaux et de chars, dont le magnifique encombrement représentait d'ordinaire une armée. Le passage d'une rivière aussi classique que le Rubicon ne pouvait s'exécuter que dans cette grande et solennelle symétrie, enseignes fastueusement déployées, aigles au vent, soldats pesamment armés que précédait un chef superbe triomphalement monté sur un cheval aux riches harnais.

Dans l'histoire, le passage du Rubicon est tout différent. Le ruisseau, limite du monde Romain et du pouvoir légitime de César, coule entre des roseaux, demi-caché, sans bruit; César vient le matin de bonne heure, seul, sans lieutenant. Une demi-légion le suit de loin, composée de Gaulois farouches qui ne respirent pour Rome que la haine de Brennus. Le consul s'arrête. Il n'a plus de témoins de son incertitude; il regarde le ruisseau fatal, il hésite, il doute. Le cheval fait un pas en avant; l'eau baigne son poitrail; un pas encore : il est sur l'autre rive. Alors les légions s'approchent; elles passent en désordre, dans le premier brouillard du petit jour, sans bruit, avec terreur; des présages effraient leur superstition; elles franchissent avec précipitation le petit ruisseau, comme des brigands en maraude, nullement comme un armée en campagne. — Le passage du Rubicon est ainsi racontée par Suétone et par M. Boulanger.

Un ruisseau, César à cheval sur le bord, quelques soldats dans le lointain, le tableau est complet : j'oubliais un petit pâtre, assis sur le bord, essayant ses pipeaux et tout étonné du bruit de ces cavaliers qu'il entend derrière lui : M. Boulanger s'est bien inspiré du récit historique.

L'idée est malheureusement très-supérieure à l'exécution: la tête de César est peinte sans caractère; les yeux surtout sont sans expression, sans feu: on ne reconnaît plus là le vrai César, celui que Dante rencontre aux enfers :

Cesare armato con occhi di grifani

Le cheval n'est pas Romain; c'est un percheron pur sang et de bonne race, dur au travail; ce n'est pas le cheval de César; le consul, homme de goût et dépensier, difficile en toutes choses et connaisseur en chevaux, ne monta jamais ce lourd animal.

Les *Eclaireurs dans le Désert* demandaient des qualités moins sérieuses. Trois espions Arabes *(choassa, espions)* sont couchés à plat ventre sur une colline de sable et de roche bien nue et bien pelée. De là ils observent dans la plaine, au-dessus d'eux, un camp, — sans doute un camp français. Ils sont immobiles; leur tête est rougie par le soleil et doit au loin se confondre avec la pierre et le sable. Un ciel sans nuages éclaire l'immensité de la plaine. Ces trois espions au milieu de cette solitude sont menaçants à faire trembler. Leurs têtes bien arabes témoignent d'études consciencieuses.

La renommée de M. Baudry date d'hier; nous espérons

qu'elle sera longtemps à vieillir. Premier grand prix de Rome en 1850, M. Baudry a rapporté d'Italie et de son commerce avec les maîtres des habitudes et des qualités précieuses. Il dessine bien, il peint bien, il ne compose pas mal, il a une bonne couleur; en un mot, c'est un jeune peintre de talent et il mérite qu'on soit sévère avec lui.

> Quiconque a beaucoup vu
> *Peut* avoir beaucoup retenu.

M. Baudry a beaucoup retenu; c'est là son premier dé- faut. Il n'est plus donné à personne de pouvoir se passer de maîtres; le génie le plus original ne peut jamais secouer complètement la chaîne de la tradition; il lui faut pour se former visiter les collections, copier les œuvres célèbres, s'inspirer de leur manière et se nourrir dans leur familia- rité. Mais cette éducation, indispensable à tout artiste sé- rieux, a aussi ses dangers. Elle développe une faculté de l'homme, la faculté d'imitation; elle en détruit plusieurs, la spontanéité, l'imagination. M. Baudry a dans son talent un peu des qualités de tous les grands maîtres de l'école Italienne; il ressemble aux peintres Vénitiens; il a quelques- uns des mérites des artistes Florentins; mais il n'a dans sa manière rien ou presque rien de propre, d'original, de spontané. Ses idées sont toujours des souvenirs; son génie n'est qu'une perpétuelle réminiscence. M. Baudry est timide sous des apparences de courage, parce qu'il a conscience d'une force empruntée, d'une valeur dérobée; on n'est jamais riche avec l'argent des autres : M. Baudry n'a pas de patrimoine. — Les tableaux qu'il a exposés cette année justifient cette observation.

Le plus admiré, sinon le plus important, est une petite *Léda*. M. Baudry a eu raison de ne choisir pour ce sujet qu'un petit cadre. Quand on peint une *Léda,* ce qu'on peut faire de mieux c'est de donner à sa toile de petites propor- tions. Ne fût-ce qu'au point de vue de l'art, une femme nue peinte de grandeur naturelle réussit toujours mal, à moins que le peintre ne soit M. Ingres.

Les petites proportions ont deux avantages : elles permettent plus de perfection et plus de chasteté. Ces grandes étendues de chairs blanches, roses, fraîches, bien veinées, souples, sont difficiles à traiter ; le sang circule mal ; la vie ne bat pas, le sentiment se perd dans ces larges surfaces charnues où la moindre faute est vivement accusée ; l'épiderme ne frissonne pas : les bulbes de la peau proéminent désagréablement pour l'œil ou s'effacent dans un méplat invraisemblable ; il faut être un grand maître pour triompher de ces difficultés.

Mais la perfection du rendu n'accuse, en ce cas, que plus vivement un autre défaut plus grave à nos yeux, et que la critique néglige trop dans l'intérêt même de l'art : l'absence de pudeur.

La chasteté de l'art n'exclut pas complètement la reproduction des nus ; mais elle prescrit des règles dont il est défendu à l'artiste honnête de s'écarter, ne fût-ce que d'un coup de pinceau. Les Grecs, qui à la grande époque de leur statuaire furent chastes par goût et par un exquis sentiment du beau, nous ont laissé des règles de décence dans l'art, et, en les appliquant dans leurs œuvres, ont offert des modèles à la postérité. Les lignes dont l'ensemble constitue le corps humain sont dans les statues de la belle époque atténuées avec un grand soin ; les muscles très-peu accusés ne soulèvent qu'à peine le tissu des chairs ; celles-ci sont fondues et comme laiteuses. Plus tard, quand les mœurs publiques corrompirent les mœurs de l'art, les lignes reparaissent plus fortes, plus saillantes, plus marquées ; la forme s'accuse et, dans les statues obscènes, jusqu'à l'exagération : ce sont des corps en chair et en os. Principe invariable : la chasteté est dans l'atténuation, l'obscénité dans l'exagération des traits. Cette règle est simple, elle est infaillible.

Une corniche de la cathédrale d'Amiens est toute une leçon de haute esthétique. Le statuaire du XVIe siècle a caché dans un repli de la pierre une vierge sage et une vierge folle : les deux femmes se ressemblent par la taille,

la position des membres, l'agencement des bras ; à coup
sûr, elles sont sœurs, et cependant l'une est la pureté dans
son expression la plus exquise et la plus virginale, l'autre
est la luxure la plus impure et la plus obscène. D'où cette
différence? Quelques lignes imperceptibles chez la vierge
sage sont énergiquement accusées chez la vierge folle.

Est-ce à dire qu'il soit facile de peindre chastement la
nudité? Non, certes. Atténuer les lignes sans les supprimer,
adoucir les traits sans les perdre, fondre les formes sans
les dissoudre, montrer tous les os sans en laisser saillir
aucun, exprimer en les effaçant tous les détails de la car-
nation, c'est faire preuve d'un talent extraordinaire et très-
rare, anquel un petit nombre atteint.

Prud'hon s'est sauvé de ce tour de force par un tour
d'adresse. Il a baigné ses toiles d'un clair-obscur qui,
recouvrant tous les objets de sa fluidité un peu lourde,
voile à moitié les nudités de ses petites scènes antiques.
Une brume pénétrante ondule autour des corps, les revêt,
les caresse de ses ombres transparentes et achève, par l'in-
décision et le vague des formes, la décence des nudités. Ce
procédé habile n'est pas consciencieux ; il est plus facile de
cacher des corps nus qu'on n'a pas su rendre chastes, que
de montrer avec franchise des nudités dont un travail persévérant a enlevé tous les caractères impurs et obscènes.

La petite *Léda* de M. Baudry est de l'école de Prud'hon ;
mais l'artiste a substitué au clair-obscur un peu froid de
ce maître la chaude lumière de l'école vénitienne. Léda,
seule au milieu d'un bosquet d'oliviers aux feuilles sombres,
écoute avec plus de surprise que de terreur un bruit qui
se fait entendre derrière elle dans les branchages. Le jour
est brûlant ; il est midi ; on est en été. Mais les feuilles ta-
misent si bien la chaleur et l'éclat du soleil, que la lumière
baigne doucement la scène sans trop l'éclairer et sans aucune dureté, et rappelle, à si méprendre, la couleur du
Titien. M. Baudry a corrigé Prud'hon par un souvenir de
l'école vénitienne.

Le *Supplice d'une Vestale* offre des qualités et des mé-
prises plus personnelles.

Sous la dictature de C. Regillensis, la vestale Minuccia fut
accusée auprès des pontifes, sur la déposition d'une esclave.
Condamnée, elle fut enterrée vive près de la porte Colline, à
droite du chemin pavé, dans le champ du crime; son
amant expira sous la verge des licteurs dans le *Comitium*.

Ainsi du moins Tite-Live raconte le fait au chapitre VII
du livre XIII de ses annales.

Si nous n'avions pas d'autres renseignements, les habitudes du sacerdoce romain, le caractère de gravité tradi-
tionnelle de toutes les cérémonies, la sévérité magistrale
qui présidait à tous les actes du peuple romain, le silence
majestueux des supplices, nous feraient croire qu'à un jour
néfaste choisi à l'avance par le pontificat, désigné par les
augures rituellement consultés, le roi des prêtres, *rex
pontificum*, se rendit au temple de Vesta processionnelle-
ment, suivi de pontifes revêtus de la robe blanche, le front
ceint de chêne et de la verveine fatidique, au son rauque du
tympanum d'airain, précédé de 25 licteurs pesamment
armés et graves comme les exécuteurs d'une fatalité implacable; que là, il réclama, par des paroles consacrées et
liturgiques, le châtiment de la prêtresse coupable; que
celle-ci, revêtue de deuil et parée comme une victime, lui
fut livrée; que la troupe sacerdotale prit à travers les rues
de Rome silencieuses et mornes le chemin de la porte
Colline; qu'arrivés au champ consacré pour le supplice et
au sol fatal de l'ensevelissement, les licteurs s'arrêtèrent,
laissèrent lourdement tomber les faisceaux de leurs haches;
et qu'enfin, dans une scène suprême de terreur, de recueillement et d'une gravité silencieuse comme la mort, la
vestale fut descendue sans hâte, sans précipitation comme
sans pitié, dans la fosse béante, creusée dans la forme
triangulaire de la tradition pénale; que sur la victime
vivante et étouffée la terre fut rejetée, comme elle avait été
enlevée, glèbe après glèbe, motte après motte, posément,
tranquillement, selon le rite immuable. Ainsi devaient se

passer les scènes d'ensevelissement chez ce vieux peuple,
devenu le plus jaloux des formalités et des traditions, et le
plus habitué à être calme dans l'accomplissement des actes
graves et solennels.

M. Baudry a-t-il découvert dans les boutiques poudreuses
des bouquinistes de Pompei, où il allait si souvent fureter
dans son séjour en Italie, quelque rituel inconnu des antiquaires? A-t-il lu dans les pages à demi-brûlées d'un ma-
nuscrit vingt fois séculaire les prescriptions d'une liturgie
dont nous n'avons nulle idée? A-t-il appris que les supplices
de Rome et l'ensevelissement des vestales se faisaient
tumultueusement, avec des cris, des émeutes de femmes,
des récriminations au milieu des rumeurs de la populace,
des frémissements de la foule et des objurgations de la
pitié plébéienne, la plus criarde, sinon la plus sincère de
toutes?

Le tableau de M. Baudry le ferait croire. On ne peut
rien concevoir de plus agité, de plus tumultueux, de plus
mouvementé que la scène représentée par l'artiste. Les
licteurs, les prêtres, les bourreaux, les curieux, les magis-
trats, les femmes, les enfants, se pressent, se foulent,
crient, pleurent, hurlent, attestent les dieux, maudissent
le crime et le châtiment, injurient et menacent : les bras
heurtent les bras; les jambes s'embarrassent dans les
jambes; les têtes déplacées reposent sur des corps qui ne
sont pas ceux qui leur conviennent; les vêtements se dé-
chirent et se multiplient comme pour revêtir plus d'espace;
rien n'est à sa place; le désordre est partout; la majesté
nulle part. « *Par Quirinus ! ce n'est pas là le peuple romain.* »

On s'est quelquefois moqué de David, et il est de mode
de rire des poses académiques, des costumes ou des nudités
de ses héros; on a tort. David a étudié les anciens plus
qu'aucun peintre ne les étudiera jamais. A défaut du charmant ouvrage de M. Delécluze, le *Combat sous les murs de
Rome* suffirait seul pour témoigner d'une connaissance ap-
profondie des choses de l'antiquité; David avait le culte de
la vérité des détails; les formes des meubles, des armes,

des vêtements, des instruments de musique, des chaus-
sures, des casques, il avait tout recherché, tout retrouvé,
tout deviné; il savait son soldat romain comme M. Horace
Vernet sait son soldat de ligne ou son chasseur d'Afrique,
jusqu'à la dernière courroie de sa sandale.

Tite-Live dit quelque part dans ses annales : *Mihi antiqua
scribenti antiquus fit animus.* Rien n'est plus vrai de David ;
il était devenu romain par son amour de l'antiquité, et la
religion de la vérité romaine était poussée chez lui jusqu'à
la superstition; elle ne va même pas, chez M. Baudry,
jusqu'au respect. Son tableau n'a de romain que le titre ;
c'est trop peu.

M. Bouguereau partage, avec M. Baudry, le premier rang
de la jeune école des peintres de Rome; il expose cette
année neuf peintures à la cire qui, par la grandeur magistrale de leur composition, méritent l'attention.

Il paraît que de notre temps il y a des hôtels assez vastes
et assez riches pour couvrir leurs panneaux de belles allégories; qu'il y a des hommes assez intelligents pour préférer aux dorures de l'ameublement et aux arabesques d'un
trumeau de mauvais goût, quelques beaux et grands
tableaux, largement composés et royalement peints; il
paraît que l'inspiration se prête volontiers à servir les be-
soins de l'habitude élégante et se plie aux exigences des
peintures décoratives : les peintures de M. Bouguereau
témoignent des heureuses dispositions des grands proprié-
taires et des bons artistes.

Les allégories de M. Bouguereau ont un grand défaut :
c'est de n'être pas assez intelligibles. L'Amour, l'Amitié, la
Danse, l'Été, le Printemps ont, dans les traditions de l'ico-
nographie profane, des poses, des costumes, des gestes,
des habitudes allégoriques. L'Amour, enfant nu, les yeux
bandés, le carquois au dos, l'arc à la main ou quelquefois
la torche; l'Amitié, jeune femme revêtue d'une ample tunique, les yeux levés au ciel, la bouche entr'ouverte et
souriante; le Printemps, le front chargé de feuillage, les
mains pleines de semences, le regard rayonnant de pro-

messes; l'Eté, déesse féconde, les tempes couronnées d'épis, les joues rougies par le soleil, la faucille à la main, des gerbes sous les pieds, conduisaient, dans les traditions symboliques de la mythologie antique, à travers les sereines régions de l'imagination, le chœur des joies, des craintes, des sentiments, des idées et des sensations humaines. Les types consacrés étaient religieusement reproduits.

M. Bouguereau, plus hardi, a rompu avec ces traditions conventionnelles et surannées : il a créé d'autres types, rêvé d'autres symboles, imaginé d'autres allégories. L'Amour, pour lui, n'est plus l'enfant nu aux yeux bandés ; c'est un grave et sévère jeune homme, s'élevant au ciel avec une jeune fille triste, rêveuse, méditative comme la Gretchen de Faust et effeuillant, comme elle, une marguerite. Les quatre heures du jour ne sont plus ces femmes demi-voilées, rapides, toujours désirées, toujours regrettées, toujours infidèles que Théocrite nous peint dans une de ses idylles ; quatre gros enfants lourds et empâtés, comme les Amours rondelets qui renversent des urnes dans les parterres du XVIII\(^e\) siècle, voltigeant sans légèreté dans un ciel d'un bleu criard, emportent dans les plis d'une large draperie bleue les heures du jour. La Fortune a toujours son bandeau et fait tourner sous son talon rose le disque d'une roue ; mais elle n'emporte plus l'enfant classique de la fable et de la mythologie, insoucieux, rieur, « un fripon d'enfant » ; c'est une belle et jeune vierge de quinze ans, en robe blanche, qu'elle entraîne dans le tourbillon de son incessante rotation.

On le voit : M. Bouguereau tient à innover ; mais sa tentative est moins heureuse que hardie ; il a dépensé mal à propos les efforts d'imagination. Une allégorie n'est bonne qu'autant qu'elle est vieille, parce qu'avant tout il faut la comprendre. La tradition, en consacrant certains types, leur a donné d'ailleurs la physionomie la plus convenable à leur objet. Elle s'est même montrée pleine de bon sens et de philosophie, et la langue même a adopté ses symboles. On dira toujours la roue de la fortune et le bandeau de

l'amour, parce que la fortune changera et que l'amour ne
sera jamais clairvoyant. Les nouvelles allégories plaisent
d'abord par ce qu'elles ont d'ingénieux, de moderne, d'é-
trange, mais il est aisé de reconnaître qu'elles sont moins
vraies et moins profondes. Mettre, par exemple, un jeune
enfant entre les mains de la Fortune, jeune femme coquette
et étourdie, c'est placer l'insouciance absolue à côté de
l'absolue inconstance. Substituer au jeune enfant une jeune
fille, c'est changer la moralité du mythe. L'enfant ne prévoit rien, n'espère rien, ne craint rien; l'avenir est pour
lui lettre close, et il n'est encore curieux que de jouets et de
bonbons. La jeune fille prévoit, espère, craint. Quoi? Elle
ne le sait pas toujours; mais elle espère et elle craint. Elle
n'a pas la défiance de la vieillesse, de l'expérience, mais
elle a celle de l'ignorance, plus grande peut-être, parce
qu'elle est plus vague. Le mythe ancien était plus profond
et plus savant que celui de M. Bouguereau.

L'idée n'est pas tout dans un tableau : l'exécution, chez
M. Bouguereau, est excellente de dessin et détestable de
couleur. Le bleu est beau, mais l'excès du bleu est horrible.
Or, M. Bouguereau a la manie du bleu : des vêtements
bleus enveloppent le corps de ses déesses allégoriques et
ressortent sur le bleu du ciel; la même teinte sans cesse
reproduite produit la satiété dans les yeux du spectateur.
L'harmonie des tons, l'adoucissement successif des teintes,
le fondu des nuances, l'atténuation des lumières par une
ombre discrètement étendue, la concordance des reflets
sont des secrets dont M. Bouguereau ferait croire qu'il
ignore le premier mot s'il n'exposait que *La Fortune, Les
Quatre-Heures du jour* et *L'Amitié*.

Un petit tableau à fond d'or, *Arion sur un Cheval marin,*
nous permet de terminer nos critiques par un éloge sans
restriction. Rien n'est charmant comme le poète monté sur
la croupe squammeuse du monstre. Les chairs sont d'une
fraîcheur et d'une délicatesse exquises, la tête pleine d'expression et de poésie, la pose hardie et facile; la vérité

mythologique eût peut-être demandé un dauphin, non un cheval marin; mais l'artiste est un poète :

Pictoribus atque poetis
Quidlibet audendi semper fuit aqua potestas

Périandre, voulant consoler Arion de son naufrage et témoigner au Dieu sauveur du génie la reconnaissance des Grecs, fit faire, par un peintre célèbre, un tableau ex-voto suspendu au temple de Neptune. On y voyait Arion sauvé des flots par un dauphin. On croirait vraiment que M. Bouguereau a reçu de Périandre la commande qui nous vaut son charmant tableau.

Quoiqu'encore jeune, M. Jalabert en est à sa seconde manière; jusqu'ici sa peinture était molle, vague, indécise; elle est devenue sèche, dure et froide. *Roméo et Juliette* appartient à la première manière, *Raphaël* à la seconde.

Le balcon est gothique; c'est celui d'un donjon; des créneaux ouvrent leurs larges bouches pleines d'ombre; une échelle de corde se balance au vent de la nuit, nouée à la rampe des pierres supérieures. Roméo suspendu entre le plaisir qui finit et le regret qui commence, le cœur inquiet, troublé de pressentiments, l'oreille ouverte aux bruits du matin, aux chants lointains de l'alouette, sur le point de partir, restant encore, interrompant cent fois le long adieu qu'il recommence toujours; Juliette pâle, radieuse cependant, voulant prolonger à tout prix la joie d'une entrevue trop rapide, confondant à dessein, dans les intérêts de sa passion, les chants de l'alouette matinale et ceux du rossignol oiseau des nuits, n'osant regarder l'aurore dont les premières lueurs bordent de lumière les nuages; dans le lointain, à l'orient, le jour qui se lève, la silhouette noire du château des Capulets, les tourelles aux crénelures plus élégantes que redoutables profilant dans le demi-jour. Est-il un sujet plus souvent reproduit? un motif plus rebattu? une donnée plus épuisée? une scène devenue plus banale? un thème plus souvent traduit? Les maîtres et les disciples, les vieux et les jeunes, les coloristes et les non-coloristes, tous ont interprété, commenté, ressassé, corrigé l'éternel vers de Shakspeare : « *Farewele, farewele! one kis, aud i'll descend.* »

Le *Roméo et Juliette* appartient, avons-nous dit, à la première manière de M. Jalabert. Les têtes sont à peine dessinées; la couleur flasque recouvre des crânes sans contour; rien n'est étudié; tout est mou, vague, incertain. Les lignes coulent sans s'affermir jamais. Roméo n'a vraiment pas besoin d'une échelle pour escalader la tourelle des Capulets. Ce n'est pas un homme; c'est un esprit, qui vient voir un autre esprit; une fantaisie de brume qui vient battre les vitres d'une fenêtre : s'il n'y a pas de corps sans os, Roméo n'a pas de corps.

Raphaël travaillant à la composition de la Madone de saint Sixte appartient à la seconde manière de M. Jalabert.

Une vaste chambre du Vatican bien éclairée, bien lumineuse; au milieu, à droite du tableau, une femme, une romaine, splendide de gravité, sévère de pose, auguste comme une matrone, tenant entre ses bras un enfant, *Madona col Bambino;* à gauche, Raphaël, jeune, brillant d'ardeur et de génie, tout entier au travail, dessinant avec l'attention fébrile de l'admiration le modèle qu'un jour riche éclaire de sa splendeur; derrière lui, le cardinal Jean de Médicis, sérieux de visage, attentif aux efforts du jeune peintre, devinant le chef-d'œuvre dans les lignes à peine tracées de l'esquisse; près de lui Balthazar Castiglione; dans le fond, des élèves préparant les couleurs, copiant des cartons, disposant un échafaud, causant entre eux mais comme à demi voix, et pénétrés de respect pour la pensée du maître silencieux. Cette toile de petite dimension a d'excellentes qualités; la scène est bien composée; on comprend facilement et à la première réflexion le sujet développé; la lumière est franche comme une lumière d'Italie. Le dessin malheureusement est dur; les lignes se retrouvent toutes sous la couleur comme dans une gravure coloriée; les membres sont raides; les poses guindées. M. Jalabert ne sort d'un excès que pour tomber dans l'autre. Des efforts sérieux le relèveront, et il saura, avec du travail, n'être ni trop sec, ni trop mou. Ce jour-là, il sera un maître.

Le réalisme ne se contente pas d'être paysagiste; il prétend aussi être peintre de genre. C'est son plus grave tort. Soutenir que la campagne est toujours et partout excellente à peindre, qu'il ne faut pour la bien reproduire que copier servilement tous ses rochers, tous ses arbres, toutes ses herbes, toutes ses feuilles, toutes ses pierres, toutes ses gerçures de terrain, et transcrire sur la toile tout ce qu'on voit sans y rien ajouter, comme aussi sans en rien retrancher, c'est une théorie que beaucoup de goût pour les paradoxes et un grand talent dans la manière du peintre sophiste pourraient jusqu'à un certain point défendre. Mais vouloir appliquer ce système à la peinture de genre c'est outrager toutes les règles du bon sens et du bon goût.

Il y a dans la vie de la famille, dans la vie du monde, dans la vie des affaires bien des scènes sans intérêt propre; il y en a quelques-unes auxquelles les circonstances prêtent un certain charme; le peintre de genre doit choisir avec soin ces dernières. Qu'il peigne une jeune mère, inquiète, veillant à la lueur tromblotante d'une petite lampe auprès du lit de son petit enfant, écoutant immobile la respiration inégale de cette chère petite poitrine, et pressant, sans troubler le sommeil, la petite main rougie par la fièvre du malade bien-aimé! Qu'il nous montre quelque jeune homme ardent, fougueux, avide de mouvement, assis tranquillement près d'un vieux parent, lui lisant le journal, l'amusant par ses remarques, et ne lui laissant pas deviner qu'il regrette la liberté du grand air et de l'agitation! Que dans une autre toile, il nous représente un voyageur longtemps attendu, longtemps désiré revenant tout-à-coup au milieu des siens, les cris des enfants, les larmes de la mère, la joie plus grave du père, la gaîté revenue dans la maison, la reconnaissance envers Dieu éclairant tous les gens et montant à toutes les lèvres! Qu'il ne cherche pas tant, qu'il se contente de nous faire voir une chaste jeune fille travaillant devant une fenêtre à quelque ouvrage de couture, une jeune femme coquette s'habillant pour un bal, un bon curé de village faisant l'école à une demi douzaine de polissons paresseux inattentifs et à moitié endormis; si ce peintre a du talent, je lui promets que ses petites toiles provoqueront l'admiration du public et les éloges de la critique. Il élèvera par ses œuvres la dignité de la peinture de genre.

Mais quand on rencontre par les rues ou par la campagne infâme des faubourgs de Paris quelque type hideux de dépravation ignoble et de convoitise bestiale, quelqu'une de ces princesses d'un royaume sans nom, les yeux rougis par la veille, les lèvres faisandées, pâles par l'orgie, les traits tirés, fatigués, les lignes altérées, vêtues d'un luxe sans élégance et grossier comme leurs mœurs ; quand sans trouver le vice, on trouve la laideur, quelque figure basse, vulgaire, sans dignité, sans idéal, oisive, hébétée, quelqu'un de ces invalides de la spéculation malhonnête, retiré à la fin de ses jours dans une pension bourgeoise de la rue Copeau, quelque Vauthrin donnant le bras à quelque père Goriot, — le devoir de tout artiste qui a le sentiment du beau, est de détourner les yeux, et de ne pas, comme disait Platon, déformer à regarder de laides représentations le regard de l'âme façonné par les Dieux pour contempler les belles choses. Le réalisme manque à ce devoir, que les natures un peu élevées réclament comme un droit; l'infâme, le sordide, le hideux, le vil, le grossier, l'ignoble, est pour le peintre réaliste le beau, l'excellent, l'idéal.

Deux femmes de mauvaise vie et des derniers rangs de la dépravation ont un beau jour voulu aller à la campagne, parées, endimanchées, harnachées de robes de soie où la graisse et le vin ont fait plus d'une tache ; elles ont suivi les bords de la Seine; les voici à Saint-Denis. L'herbe haute revêt de sa végétation abondante, mais flétrie par les promeneurs, les bords du fleuve. On s'asseoit. M. Courbet passe, et, prenant son pinceau, copie ce groupe avec autant d'amour que Scopas sculptait les Grâces dansant au bord de l'Ilissus.

On fait bien ce que l'on aime à faire. Le tableau de M. Courbet est bien peint; les étoffes bien froissées cassent habilement leurs plis savamment étudiés; les têtes sont dessinées avec franchise et une couleur un peu sale rend bien le ton flétri de la peau; les poses peut-être un peu difficiles témoignent d'une grande connaissance du squelette. Mais ces mérites, trop faibles pour exciter l'admiration, éveillent la pitié et le regret. Pourquoi l'homme qui a le talent de peindre de belles choses, préfère-t-il des sujets, des modèles, des scènes ignobles!

MM. Leleux — Adolphe et Armand — sont des réalistes modérés. La préoccupation de l'idéal ne tourmente jamais leur talent, et ils s'inquiètent assez peu du choix de leurs sujets. Ils sont loin cependant des exagérations du peintre des *Demoiselles de la Seine.*

La petite Provence de M. Adolphe Leleux est le plus réaliste des tableaux de son exposition. Sur un long banc, au pied du mur de la pépinière, au Luxembourg, une vingtaine de vieux promeneurs se chauffent au soleil, le mouchoir plein de tabac séchant sur les genoux, le *Siècle* entre les mains. Ils causent, ils lisent, ils prisent, ils crachent, ils toussent, ils s'ennuient, ils baillent, ils dorment à moitié. Nous les avons vus cent fois. M. Adolphe Leleux les a faits très-ressemblants; et c'était là du courage. Celui-ci a des lunettes, une perruque un peu usée, mais propre; sa figure est fine, sournoise, malicieuse; c'est un avoué destitué, peut-être un ancien huissier. Celui-là est gros, ses yeux à fleur de tête ont envie de tomber; il a ses cheveux et une moustache très-noire pointe; — c'est quelque employé des pompes funèbres retiré. — L'autre est un ancien vendeur de contremarques; l'autre un vieux soldat; puis l'autre encore, un portier. La collection est complète. A rester longtemps devant cette petite toile, on se sent pris à la gorge d'une odeur fétide, que M. de Balzac a définie : *l'odeur de la pension bourgeoise.*

Les Enfants effrayés par un Chien ont un grand mérite;
on oublie en les regardant les vieillards de la *petite Provence*.
Une vingtaine de gamins, dont l'aîné n'a pas ses douze ans
malgré sa taille efflanquée et son pantalon trop court, se
précipitent dans un sentier, entre deux haies, criant, hur-
lant, se bousculant, tapant, roulant à l'envi, les habits déchirés, les jambes à moitié nues, les souliers noués de
mauvaises ficelles. Tout-à-coup ils s'arrêtent, se taisent;
ils sont immobiles; les plus petits se cachent dans les
jambes des grands; un chacun pense à la fuite; deux ou
trois se sauvent déjà. Qu'ont-ils vu?... le garde champêtre?
— non, — un gros chien de ferme, qui s'en vient tranquillement à eux, et qui paraît très-disposé à mordre aux
jambes des plus paresseux. Les têtes des enfants, peintes
sans fermeté, ont cependant beaucoup d'expression; leur
effroi est très-bien rendu, sans exagération. La scène est
bien composée et bien mouvementée. C'est un bon tableau
peint d'après les principes d'une mauvaise école.

M. Adolphe Leleux va plus loin que M. Armand Leleux
dans le chemin des saines traditions. Je ne sache pas qu'il
y ait de peintre assez exclusif pour désavouer le *Bouquet
de Moisson*.

La scène est en Suisse, entre Uri et Lucerne, si nous en
croyons les costumes. La moisson est terminée et les mois-
sonneurs dansent autour d'un gros bouquet formé des plus
beaux épis et de larges bluets bien fleuris. La ronde s'em-
porte malgré la chaleur, malgré la fatigue. Les enfants
battent des mains et sautent de joie au milieu des gerbes
mal liées; la farandole tord les anneaux de sa chaîne au
bruit des sabots, aux aboiements des chiens, aux cris des
enfants, au son précipité des cornemuses. Ce sujet bien
campagnard est très gai; il est traité avec talent. Sans
doute quelques détails sont négligés, quelques fautes de
persperstive nuisent à l'effet général; mais ces défauts ne
sont pas de ceux qui empêchent un tableau d'être une
œuvre excellente.

Le réalisme, qui révolte chez M. Courbet, se fait excuser

chez M. Adolphe Leleux, et presque louer chez M. Armand Leleux.

V.

LA PEINTURE OFFICIELLE.

I. LES PEINTRES DE BATAILLES : MM. H. VERNET, BELLANGÉ, G. DORÉ, YVON, PILS ET PROTAIS.

II. LES INONDATIONS : MM. BOUGUEREAU ET ANTIGNA.

III. LA POLITIQUE : MM. MULLER ET DUBUFE.

La Crimée, les inondations, le Congrès de Paris! Heureux peintres! Vous établissez vos renommées, comme les conquérants, sur les ruines des peuples. C'est dans le malheur que se montrent les grands dévouements et les sacrifices généreux : c'est votre honneur à vous de pouvoir donner votre part de récompenses nationales aux victimes et aux héros de ces terribles fléaux. Votre pinceau fixe pour la postérité les traits de ceux qui se sont dévoués pour leurs frères; vous prononcez pour leurs descendants une partie de leur oraison funèbre! C'est bien là en particulier le seul intérêt qui puisse s'attacher à toutes ces peintures de batailles qui ravivent dans les cœurs de si poignants souvenirs et des regrets si déchirants. La peinture militaire considérée à un autre point de vue ne peut avoir aucune raison d'être, si ce n'est pour quelques esprits blasés qui vont voir ces représentations farouches et hideuses pour rallumer dans leur âme morte quelque reste d'une mauvaise émotion. En dehors de cette recherche d'un raffinement honteux, il faut donc considérer ces toiles sanglantes comme des souvenirs et des récompenses des grands courages et des nobles actions. Aussi y a-t-il plus de justice dans le procédé actuel employé par les maîtres de l'art, qui consiste à représenter des soldats de tout rang et de tout grade, égalés les uns aux autres par de communs dangers et de communs sacrifices, que dans l'ancienne méthode où le pinceau flatteur du peintre mettait seulement en lumière les privilégiés du grade ou de la naissance, braves aussi, mais dissimulant trop à l'admiration la bravoure et les sacrifices des héros sans galons. On raconte que Caton l'ancien faisant une histoire des origines de Rome ne se permettait même pas de nommer un seul consul ou un seul général de peur de faire oublier la gloire du peuple romain ou des armées romaines : ce que l'austère républicain croyait devoir faire par patriotisme, nos peintres ont pris peu à peu l'habitude de le faire par justice. Seulement, au lieu de taire tous les noms, ils ont voulu nommer tout le monde : c'est se montrer plus équitables encore et surtout plus intéressants. De cette considération générale on peut sans transition passer au plus célèbre de ces peintres, M. H. Vernet.

M. Vernet est une preuve illustre de cette vérité qu'avec une facilité merveilleuse, tout l'esprit du monde au bout de son pinceau, des études spéciales poussées jusqu'à la manie, le dévouement à l'objet qu'on s'est particulièrement choisi, trente années de succès populaire, on peut n'être pas un grand peintre. M. H. Vernet a suivi quelques unes de nos expéditions d'Afrique; il a vécu de la vie des camps, dans la familiarité des soldats, dans l'intimité des officiers; il a suivi toutes les vicissitudes du costume militaire et Dieu seul sait avec M. Vernet tous les changemens d'uniforme auxquels on a soumis l'armée; il connaît les usages, les termes, le métier de soldat; mais c'est un peintre médiocre de batailles. Cela est tout simple : il est trop soldat pour être peintre; ses peintures se ressentent de ce défaut; il est trop du métier pour intéresser tout le monde. Il y a certaines théories mathématiques qui sont fort belles en soi, qui témoignent de profonds efforts de l'intelligence. Les calculs à l'aide desquels M. Leverrier a établi avec tant de précision l'existence de sa planète doivent être éblouissants de profondeur et de science. Il est certain cependant que ce serait prendre un mauvais moyen d'intéresser le public que de les lui exposer dans leur immense développement : tout ce qu'il veut bien savoir, c'est que M. Leverrier a fait une magnifique démonstration. Ainsi des batailles. Quand le général en chef d'une expédition envoie trois mots au ministre de la guerre : « nous avons vaincu, » tout le monde s'enthousiasme. Mais les rapports qui suivent des généraux commandant les différents corps d'armée, ne sont lus que des gens du métier, et cependant c'est dans ceux-là seulement qu'on peut étudier les causes de la victoire, calculer les fautes de l'ennemi, la valeur de telle mesure prise en temps opportun; ce sont ces bulletins secondaires qui nous vaudront les victoires futures; — personne ne les lit.

M. Vernet fait trop exactement le rapport des batailles. La 3ᵉ division, commandée par S. A. I. le prince Napoléon, franchit la rivière de l'Alma et attaque le centre des Russes. Rien de mieux; c'est cela peut-être qui a contribué au gain de la bataille, il n'y a pas de mal à le croire. Mais qu'est-ce que nous dit la peinture de M. Vernet? Au premier plan, quelques généraux reçoivent les ordres du prince Napoléon et les transmettent à leurs aides de camp; les aides de camp, au grand galop de leurs chevaux, les portent eux-mêmes aux différents commandants des régiments; puis, au loin, au milieu des broussailles; on voit de petites masses vertes de 30 hommes de front sur 4 rangs de profondeur qui gravissent, assez aisément à ce qu'il paraît, les côtes abruptes du ravin; quelques coups de fusils qui éclatent à propos pour former des petits nuages blancs sur le bleu du ciel, — voilà la *Bataille de l'Alma*. L'exactitude n'est pas la vérité.

Le *Portrait équestre de l'Empereur* n'offre pas des défauts moins choquants. La manie de l'accessoire gâte encore cette toile : on tient sur ce singulier portrait les propos les moins respectueux et on n'ose trop dire que le peintre ne s'y soit pas exposé volontairement. Est-ce le cheval, le harnais, le guichet, les pierres, le zouave ou le grenadier qu'on a voulu peindre? Tout a la même valeur; tout se détache avec la même énergie. Le pinceau a accusé avec la même vigueur le turban ou la baïonnette que la figure de l'Empereur. Cela nous étonne peu de la part

du peintre qui dans le portrait célèbre du *Frère Philippe*
lézardait la muraille de la cellule du pauvre religieux
et salissait ses souliers avec tant de complaisance.
Pour arriver à ce résultat, le soleil est bien plus habile
encore que ne l'est le pinceau de M. H. Vernet, si habile
qu'il soit. En sommes-nous donc réduits à citer encore
Boileau pour remettre en lumière des vérités acquises à
l'art et à la littérature depuis qu'il y a eu de grands artistes
et de grands poètes :

Ce ne sont que festons, ce ne sont qu'astragales.

Et regardez quel dommage? Peut-on camper plus fière-
ment un homme sur ses reins que ne le sait faire M. Vernet
dans le portrait du maréchal Bosquet? Quelle attitude, quelle
fierté militaire; on sent ce qu'il y a sous l'uniforme du
général, si chamarré qu'il soit. Une petite scène de genre
empruntée à une histoire touchante attire toujours beaucoup de monde et beaucoup d'admiration. Cela remonte à
quelques années. Un brave zouave, frappé d'un coup de la
grâce du ciel, se prit d'un violent désir de changer le turban
pour le capuchon de trappiste. Le changement n'est pas si
facile qu'il le paraît au premier abord. Le belliqueux novice
fut soumis à une épreuve terrible et qui devait donner un
manifeste témoignage de la sincérité de sa vocation. C'est
du moins ce que jugea dans sa sagesse le supérieur du
couvent sous la discipline duquel notre héros voulait cacher sa vie. Le pauvre novice dut donc publiquement con-
fesser devant ses frères le crime qu'il coûte le plus à
l'orgueil d'avouer, celui contre lequel il est le moins permis
d'être faible, — sa lâcheté; il s'accusa d'avoir honteuse-
ment déserté dans la mêlée, par peur. Il fut bien récom-
pensé de son mensonge par le démenti que lui donna alors
le supérieur, avouant publiquement la pieuse ruse, et on
dit qu'il devint le modèle des trappistes comme il avait été
un zouave modèle. C'est ce même trappiste ou à peu près
que nous représente M. H. Vernet. Il est au milieu du
cimetière de son couvent, les yeux pieusement fixés sur les

4

tombes qui l'environnent et qui lui rappellent sévèrement
l'éternité. A la porte du couvent, un vrai zouave regarde
son compagnon devenu ermite, (sans jamais peut-être avoir
été ni diable, ni vieux,) et cela lui donne à penser. Ces deux
types, l'un conservant son air martial sous l'habit blanc du
moine, l'autre prenant sous sa veste de soldat une attitude
religieuse et recueillie, forment un contraste assez saisissant; il y a dans ce petit cadre une idée qui attire et produit une bonne impression. Mais la gravure de ce sujet par
M. Jazet fait tort à l'original : il est certain que M. Vernet
n'aurait pas dû peindre son tableau. Il a une manière de
peindre tapageuse et criarde qui blesse les yeux. Il y a
des gens qui abusent de la couleur aux dépens de la forme
et bornent le talent de peindre au talent de réunir sur
un plus petit espace possible le plus de nuances harmonieuses pour le plus grand plaisir des yeux. Il y en a
d'autres qui n'emploient la couleur qu'avec répugnance et
absolument parce qu'il faut bien en mettre pour peindre.
Des gens du tiers moyen tachent de concilier dans un égal
partage les exigences du dessin et de la couleur : ce sont
les sages et les habiles. M. H. Vernet emploie un quatrième
moyen mixte qui malheureusement est son genre propre et
le fait reconnaître tout de suite. Sans abuser des couleurs
au point de sacrifier le dessin, sans rapprocher les uns des
autres des tons trop disparates, il trouve le moyen d'arrêter
sa peinture d'une manière si brusque, de faire des mo-
saïques de couleur si carrément tracées, de séparer avec
tant de jalousie le domaine de chacune, que l'ensemble est
du plus désagréable effet. Voilà pourquoi la gravure de
M. Jazet, exprimant la même idée, nous a semblé préférable.

Comprendre la peinture de batailles comme le fait
M. Bellangé, c'est faciliter singulièrement la tâche du spectateur. La clarté est une qualité précieuse, dont il est impossible à tout français qui connait un peu les mérites de
sa langue, de dire le moindre mal. Les peintres dont les
idées allemandes proposent de véritables énigmes à l'intelligence, sont prompts à nous dégoûter. Nous n'aimons pas

en général qu'on en veuille dire plus qu'on en dit : mais
encore faut-il dire et vouloir dire quelque chose. Sur un
album, — genre de recueil destiné à des intelligences de
salon, c'est-à-dire à des gens qui ne veulent pas déranger
une conversation élégante pour une observation profonde,
— que l'on ne dise que des choses très-intelligibles, un
costume, une barbe un peu fière, un joli visage; rien de
mieux, on est dans les conditions du genre. Mais peindre une
bataille, une action d'éclat, *la prise des embuscades russes*
devant le bastion central et la mort du colonel Viennot, de la
légion étrangère, pour ne pas y mettre plus d'entrain, plus
de vie, plus de vérité, c'est se défier trop du goût ou de
l'esprit publics, c'est détruire toutes les lois de l'art.
Les soldats sont bien campés, arrangés avec art, la
mine bien guerrière, le colonel Viennot tombe noblement,
comme il convient à un officier français; — voilà qui va
faire battre tous les cœurs..... bien nés auxquels la patrie
est chère. Il faut du patriotisme, et même, au lendemain
de combats glorieux et de fatigues si bien supportées ,
il faut tolérer un peu de chauvinisme : mais là peinture n'a
que peu de choses à voir à tous ces honnêtes sentiments.
Votre bataille est-elle une vraie bataille? Vos beaux soldats
si fiers et si braves, savent-ils manier leurs fusils contre
l'ennemi comme sur le champ de manœuvre? Sentent-ils la
poudre? Sont-ils furieux du sang répandu de leur chef? —
Voilà ce qu'on demande au peintre, et M. Bellangé ne four-
nit pas une réponse satisfaisante. Il connaît admirablement
son soldat; au repos il en a étudié jusqu'à l'infinie variété,
la physionomie et l'expression; il a prouvé dans vingt gra-
vures populaires avec quelle vérité il avait surpris le côté
pittoresque, original, drôlatique du troupier français ; on
pourrait presque dire qu'il nous a complété Charlet en
s'attachant à reproduire ceux des traits que l'illustre artiste
avait négligés ou omis, — l'originalité, le sens, l'insou-
siance et le *dilettantisme,* non plus seulement la force, l'é-
nergie, la bravoure et la rudesse. Comment, avec cette
étude spéciale, M. Bellangé n'a-t-il pas pu peindre une

bataille? C'est que (cela ressemble presque à un paradoxe, tant c'est vrai) il est bien différent de peindre des batailles ou de peindre des soldats. L'uniforme, les armes, la tenue ne sont que les accessoires d'une bataille. Dans le tumulte de l'action, ce n'est plus le n° 8 de la 3ᵉ compagnie du 2ᵉ bataillon du 10ᵉ de ligne qu'il suffit de représenter, mais l'homme, élevé par la passion bien au-dessus des mesquineries et des pratiques de la discipline, le courage grandissant l'âme sous l'humble habit du troupier. Voilà ce que ne nous donne pas assez l'*Embuscade près la tour Malakoff* : il y manque l'action ; ce sont de bons soldats, ce n'est pas une bataille, encore moins une bataille improvisée, une surprise. Aussi le tableau voisin, *Les dernières Volontés,* nous paraît-il de beaucoup préférable. Là M. Bellangé s'est retrouvé avec son troupier tel qu'il le connaît. C'est bien notre soldat blessé à mort après une lutte de héros et s'éteignant comme il a vécu, sans pompe, sans apparat. Le mourant est un vieil officier à la rude moustache, au visage noirci par la poudre et séché par la fatigue. Affaibli et languissant, on le soulève pour l'aider à prononcer ses dernières paroles, et lui, d'un bras incertain, il prend dans un coin de sa tunique sa montre, sa bourse et sa croix d'honneur et les présentant à un plus jeune camarade qui se penche vers lui, les lui remet pour qu'il les reporte au pays. L'inspiration de ce tableau n'est pas bien sublime, l'idée n'est pas au-dessus de l'invention de ces romances qui courent les rues, mais on est surpris et ému de la vérité de ce suprême sentiment du vieux troupier. C'est bien comme cela que tout le monde le connaît et l'aime ; c'est encore là un petit cadre destiné à devenir rapidement populaire.

Voulez-vous du tumulte, de l'action, du mouvement, de l'entrain, de la poudre, de la poussière, du bruit, des coups et du courage? Arrêtez-vous devant le tableau de M. G. Doré. Au premier abord, vous ne verrez que du rouge, du brun, du sombre ; puis, quelques membres de chevaux, quelques dolmans de hussards, quelques casques qui paraissent ne pas couvrir de têtes ; enfin, si vous tenez

bon, vous croirez apercevoir des hommes ou à peu près, des
cavaliers, des anglais, des russes, des français dans tout
l'horrible pêle-mêle d'un combat. Cela s'appelle *La bataille
d'Inkermann*. Dire à M. G. Doré qu'il a trop de verve, trop
de fougue, trop de jeunesse, c'est se faire passer auprès de
lui pour un bourgeois qui a des rentes ou pour le peintre
du roman *Des Terrains à vendre* de M. About, ce qui ne
vaut guère mieux. Lui dire que son fond n'est pas bon,
qu'il n'y a pas de plan dans son œuvre, que rien ne s'y
détache, c'est se faire passer pour pédant. Le meilleur
moyen est d'attendre que l'âge glace un peu dans sa main
la fièvre de son pinceau; en vieillissant il apprendra à
économiser sa peinture et à moins l'épargner (car c'est ici
surtout qu'économie n'est pas épargne). Il verra s'il n'y
a pas moyen de lier les membres de ses chevaux à leurs
corps, d'attacher les poignets des cavaliers à leurs bras,
les cavaliers à leurs chevaux, les chevaux au sol et le sol à
la toile. Sa bataille d'Inkermann pourrait assez bien se
passer dans un gros nuage gris qui aurait pris par accident
la forme d'un rocher. Ce n'est pas désagréable à voir, surtout quand on a du temps pour découvrir et de l'imagination pour inventer. Cela donne à rêver un peu, c'est toujours
quelque chose. Rêvons donc que ce tableau vient de Crimée
et représente Inkermann.

M. Yvon, qui cette année est le héros des peintres batail-
leurs, s'est attaqué au fait capital de l'expédition de
Crimée, l'assaut de Malakoff. Il n'y a pas moyen de nier
que sa toile ne représente une vraie bataille, bien que
la poudre n'y domine pas, ni les nuages. C'est au plus fort
de l'action, alors que la lutte s'engage corps à corps, que
les fusils ne peuvent plus se charger régulièrement, que le
combat est sans frein et sans ordre, que M. Yvon
a représenté la scène. C'est beau d'atrocité. Des deux côtés
les soldats luttent avec acharnement. Les visages allumés
par la colère, l'œil rougi par la rage, la bouche haletante
et écumante, réunissant leurs forces dans un suprême
effort, russes et français vont décider, par la conservation

d'une méchante tour et de quelques retranchements, du sort d'une cité toute entière. Mais leur âme n'est pas à cette pensée. Elle ne fait vivre sur leurs traits que la passion, la colère, la violence. Les pieds dans le sang, dans la boue, glissant sur les débris, armés de ce que leur a laissé le combat, ces soldats se ruent les uns contre les autres ou se tiennent arrêtés sous la menace de leurs terribles baïonnettes. Les uns sont déchirés par les blessures, d'autres expirent en croisant les bras dans une dernière prière, d'autres ne sont plus déjà que des cadavres ; mais leurs compagnons ne savent pas si on vit ou non à côté d'eux, ils se battent. Est-ce ainsi que les choses se sont passées? Sans doute ou à peu près. Il serait bon qu'on fît faire une copie du terrible tableau de M. Yvon pour l'envoyer à tous les gens qui se battent du fond de leur chambre, et parlent d'une guerre comme d'un simple incident de la politique dont ils calculent tranquillement les heureux résultats : il me paraît difficile que cette vue les laisse dans l'optimisme béat de leur quiète ardeur. M. Yvon est donc essentiellement dramatique; il y a du mouvement, des cris, du tumulte dans son *Assaut de Malakoff :* la composition en est bonne, le sujet traité d'une manière sérieuse, les groupes habilement disposés, la couleur agréable, bien qu'elle soit brûlée peut-être d'une manière un peu trop uniforme. Cependant il y a un léger défaut dans cette toile; nous le mettrons sur le compte du patriotisme trop ardent du peintre, d'autres l'ont attribué à une préoccupation trop accusée d'un succès populaire. Nous n'aimons pas le geste de l'officier russe qui est dans le coin du tableau et ramenant par le collet au combat un vieux soldat russe couvert de blessures et qui ne nous semble pas, à sa mine, mériter cet affront; ce coup de pinceau nous paraît une déclamation, une insulte au vaincu, un trait de mauvais goût.

Un des meilleurs tableaux que nous ait valus l'expédition de Crimée, est certainement *Le débarquement des Troupes en Crimée,* de M. Pils. La composition en est fort harmonieuse, les groupes habilement formés; il y a du naturel.

de la vérité, en même temps qu'une certaine désinvolture
qui n'est pas de mauvais goût ; la mer et la flotte pour
lointains ; sur le premier plan, des généraux assis ou debout
dans des attitudes variées ; tout à côté, des soldats, des
cavaliers dont un escadron est admirablement pris ; une
science d'exécution fort remarquable ; — de tout juste autant qu'il en faut pour faire un bon tableau.

Si M. Protais n'avait exposé que ses batailles d'Inkermann
et du Mamelon Vert, nous aurions pu passer outre en re-
marquant seulement sa prédilection pour un certain ton
gris glacé assez monotone et nous aurions bien voulu ad-
mettre l'exactitude de ses peintures, puisque le livret nous
apprend qu'elles ont été exécutées d'après des dessins pris
sur les lieux mêmes. Mais M. Protais a fait une petite scène
à laquelle il attache peut-être moins d'importance et qui
nous a plu infiniment d'idée et d'exécution. Le titre est
heureux et promet : *Le Devoir*. Ce qu'il y a de piquant, c'est
que le devoir est représenté ici par cinq ou six zouaves et
un officier. Et quelle émouvante réprésentation ! Ces soldats,
enveloppés dans leurs manteaux d'hiver, la figure gelée et
balayée par un vent du Nord glacial, l'arme serrée fortement contre la poitrine comme pour se réchauffer, les pieds
trempés jusqu'au dessus de la cheville par l'eau d'un fossé,
avancent péniblement dans la tranchée dont la muraille se
dresse sombre à la hauteur de leurs têtes. Ils semblent ne
pouvoir se dire un mot tant la bise est dure. Leurs figures,
légèrement penchées sur leurs poitrines, expriment la résignation et la souffrance ; c'est le devoir, le devoir dans ce
qu'il a de plus difficile, dans toute son humilité et son
austérité. Là, personne ne les regarde, personne ne les en-
courage ; ils n'ont pas l'entrain du combat pour se soutenir ;
ils accomplissent une mission pénible, laborieuse, sans
autre témoignage d'admiration que le contentement intérieur de leur sacrifice et de leur dévouement : c'est bien
nommé, le devoir. L'exécution de cette idée est d'autant
plus heureuse, que l'artiste semble être ici tout-à-fait dans
son élément, c'est-à-dire dans cette teinte grise, dure,

glacée, que le climat de Crimée semble avoir attachée à
sa palette. L'eau du fossé a bien cette teinte sale de la
neige qui se fond; ces manteaux gris, ces figures grises
sont bien à l'unisson du ciel, et les reflets un peu plus
clairs de la muraille suffisent à dessiner la scène. C'est là
un excellent tableau et une bonne idée.

De la guerre à l'inondation, il y a l'intervalle qui sépare
un fléau d'un autre. Chez nous ces deux fléaux se sont suc-
cédés avec une épouvantable entente : le mal a été affreux,
le courage héroïque, les dévouements, encouragés par
d'illustres exemples, sublimes. Les peintres ont dû se
mettre à l'œuvre pour nous retracer ces catastrophes et
nous raconter quelques-uns de ces beaux traits qu'enfantent
toujours les grands malheurs. Ils ont entrepris la tâche,
mais, il faut le dire, ils y ont été bien insuffisants. Des
nombreuses toiles qu'ils ont consacrées à ces tristes récits
de nos souffrances, pas une n'est à la hauteur du sujet. Ces
vastes étendues de plaines ravagées par les eaux, ces
champs détruits, ces maisons ruinées, ces hommes, ces
femmes, ces enfants emportés par les flots, ces scènes de
désolation et de terreur devant lesquelles nous ne devrions
passer qu'en tremblant, nous laissent froids et insensibles
à toute autre émotion que celle qui peut naître en nous,
par hasard, d'un souvenir personnel. Quelques panoramas
sans doute vrais, quelques figures officielles exactement
représentées, les dépêches télégraphiques des préfets assez
fidèlement traduites, voilà ce qu'ont produit les peintres
des inondations. Ces tableaux appartiennent presque tous
au ministère d'Etat. Nous aurions mauvaise grâce à nous
plaindre qu'on ait songé à conserver le souvenir d'augustes
bienfaits et de généreux mouvements : il y avait dans cette
idée un double profit, — pour les artistes une commande,
pour le public, une leçon; — mais on sent trop, dans ces
froides pages, ce je ne sais quoi de raide et d'officiel qui
exclue toute chaleur, toute passion, toute vérité. On peut
croire sans invraisemblance qu'il y a là une petite cause de
la mollesse et de la faiblesse de la plupart de ces composi-

tions. MM. Antigna et Bouguereau ont pu seuls, quoique à des degrés bien inégaux, donner quelque intérêt à leurs inondations. Celle de M. Antigna est assez bien composée. Elle représente une *visite de S. M. l'Empereur aux ouvriers ardoisiers d'Angers :* habileté dans la formation des groupes, expressions naturelles des physionomies, exécution satisfaisante, — voilà ce qui distingue ce tableau. La toile de M. Bouguereau se fait remarquer par des qualités plus solides. M. Bouguereau a l'âme antique, peut-être pas dans le sens de Socrate, mais à coup sûr dans le sens de Parrhasius : bien qu'il ait voulu lutter dans son symbolisme contre la tradition et que cet essai, comme nous l'avons vu, ne lui ait pas parfaitement réussi, il a dans sa manière, dans les tendances de son esprit quelque chose de calme, de gracieux, de mesuré qui rappelle la divine harmonie des œuvres grecques. Faire du grec en représentant *les Inondés de Tarascon* n'était pas d'ailleurs s'éloigner trop de la vérité. La lumineuse beauté du climat de la Provence, la pureté magnifique du type indigène si admirablement conservée, la simplicité même du costume dans sa coquetterie et dans sa recherche naïves font songer parfois à la Grèce. M. Bouguereau y fait penser davantage encore dans son tableau. Au milieu, sur une barque que les eaux ont élevée jusqu'au niveau du faîte des murs, l'Empereur, entouré d'un modeste cortège, écoute avec une bienveillance mêlée de tristesse la prière d'une pauvre jeune fille à genoux sur le toit qui lui sert de refuge ; sur la droite, une femme malade étendue sur un matelas, seul débris du ménage qu'on ait pu arracher à la violence du fleuve débordé, appuie sa tête souffrante sur la main de son mari qui cherche à la soutenir ; à gauche, de pauvres malheureux sans asile, sans pain, sans travail, attendent l'aumône qui doit les faire vivre ; dans le lointain, le clocher roman de l'église élève sa massive façade de pierre sur le ciel gris ; une eau bourbeuse, sale, agitée se perd dans les rues étroites de la ville et pénètre dans les maisons. Cette composition est calme, tranquille ; le peintre n'a pas visé à l'effet et cependant on ne peut la regarder sans une profonde émotion. Le geste de la jeune fille laissant tomber ses bras est d'un abandon saisissant; la femme au grabat est torturée par la douleur avec une vérité navrante ; il règne dans toute cette scène une tristesse et une désolation qui font mal. Pourquoi donc M. Bouguereau gâte-t-il comme à plaisir un si bon tableau par d'horribles défauts d'exécution? Le ton gris dans lequel il baigne tous ses plans est d'un ennui tout britannique. Est-ce pour ajouter à ce que cette inondation a de lugubre, de désolant? C'est là une recherche qui n'est pas digne d'un peintre sérieux. Que M. Bouguereau laisse ces misérables ressources aux gens médiocres qui gâtent la nature sous prétexte de faire de l'art! Il aurait dû s'apercevoir que sur cette épaisse couche grise les uniformes de ses personnages ressortent et se découpent comme une ombre chinoise, que ses figures paraissent en relief sur un fond plat, que ses maisons sont de carton et son clocher de papier. On ne peut pas adopter une plus mauvaise manière de peindre un bon tableau.

Il serait impertinent de dire que de la guerre et de l'inondation à la politique il y a l'intervalle qui sépare deux fléaux d'un troisième : bien des personnes cependant pensent cela, et si la politique ne nous valait que des tableaux dans le genre de *La Visite de la reine Victoria*, de M. Müller, et *Le Congrès de Paris*, de M. Dubufe, il n'y aurait dans leur opinion qu'une très-légère exagération. M. Müller, excellent peintre, homme de goût, qui a montré dans des œuvres justement populaires beaucoup d'habileté et de savoir, et M. Dubufe, qui chiffonne assez joliment un portrait de femme, ont bien perdu leur temps et leur couleur à composer des tableaux d'une telle faiblesse. Un grand escalier d'honneur sur les marches duquel sont étagés de magnifiques cent-gardes, beaux hommes, bien encuirassés; au bas, le cortège impérial faisant face au cortège royal et lui souhaitant la bienvenue d'un air assez courtois. Voilà la réception de la reine Victoria. Pour le Congrès de

Paris, c'est bien pis encore : un grand salon avec une quin-
zaine de diplomates en grand costume dont les uns lisent
leur correspondance, les autres remuent familièrement la
jambe, d'autres paraissent sous la triste influence d'une
mauvaise disposition de santé, d'autres font une petite
conversation dans un coin. Voilà le Congrès qui a réglé les
destins de l'Europe, arrêté la guerre, pacifié et civilisé les
mers, imposé des gouvernements aux peuples : cela n'est
pas possible; ce ne sont même pas des portraits. M. Müller
s'est vengé de cela par un savant et pathétique tableau de
Marie-Antoinette à la Conciergerie, et M. Dubufe en faisant
l'original portrait de *Mademoiselle Rosa Bonheur*. Cela fait
qu'on leur pardonne les autres. Seulement les mauvais devraient être les plus petits : c'est une justice que les
auteurs devraient se rendre à eux-mêmes.

VI.

LA PEINTURE RELIGIEUSE ET LES PEINTRES RELIGIEUX.

I. ISOLEMENT : MM. BAUDRY, GISLAIN, LOUIS BOULANGER,
GALIMARD, COOMANS, BOUTEBWECK, ZIÉGLER ET HESSE.

II. RENAISSANCE : MM. SAVINIEN PETIT, FOSSEY, ITTENBACH,
LAUGÉE, S. CORNU ET TIMBAL.

III. PEINTRES DE GENRE RELIGIEUX ET DE SCÈNES RELIGIEUSES :
MM. DUVEAU, BRETON, NAUDIN, DE COUBERTIN, MICHEL
DUMAS, — Mme H. BROWNE.

Si l'on veut se faire une idée exacte du chaos qui règne
maintenant en souverain dans nos écoles de peinture, on
n'a qu'à examiner attentivement et un peu en philosophe
la série des toiles religieuses envoyées cette année au Salon.
C'est là surtout que le désordre né de l'abandon des traditions et des caprices de l'inspiration personnelle prend à
son aise ses coudées franches. Si au moins cette solitude et

cette indépendance de nos artistes leur donnait une physionomie originale ; s'ils ne négligeaient les fortes études et
les austères recherches que pour se livrer plus librement
aux puissantes aspirations de leur génie, nous n'aurions
presque que des éloges à donner à ce dédain du passé
puisé dans le sentiment de la force présente. Mais l'isolement n'a chez nos peintres engendré que faiblesse. Chacun
d'eux se croit un maître parce qu'il n'a suivi la discipline
d'aucune école et s'imagine avoir trouvé la loi suprême de
l'art, comme on dit dans l'argot artistique, parce qu'il s'est
affranchi de toutes les règles : mais les œuvres ne justifient
guère de telles prétentions. On ne peut se défendre non
plus d'un véritable sentiment de tristesse et d'un mouvement peut-être peu modeste de compassion quand on voit
avec quelle légèreté, quelle imprudence, quelle confiante
audace nos intrépides artistes s'aventurent et se risquent
dans les difficiles régions de la peinture religieuse. Essayer
les plus graves sujets, toucher à ce qu'il y a de plus pur,
de plus divin, de plus mystérieux dans les espérances et
dans les croyances de l'âme humaine, se faire apôtre, pré-
dicateur, véritablement pontife de l'art, voilà une mission
à laquelle se croit appelé, comme par un coup du ciel, le
moindre petit paysagiste, ou le plus mince peintre de
nature morte. De foi, de sentiment religieux, même de
science historique, il ne peut être question : qui a songé à
cela ? Une pieuse tradition nous raconte que le bienheureux
Fra Angelico da Fiesole ne se mettait jamais à l'œuvre
avant d'avoir demandé au ciel par de longues et ardentes
prières d'inspirer son âme et de diriger son pinceau pour
retracer dignement les scènes mystérieuses qu'il aimait
tant à peindre : ses prières et ses peintures lui valurent la
béatification. Maintenant on passe tranquillement d'une
Léda à une Sainte, d'une Vénus Anadyomène au Christ aux
Oliviers, sans paraître soupçonner quels doutes sérieux
une si hospitalière méthode peut faire naître dans l'esprit
des spectateurs. L'imagination se représente avec un certain dégoût deux toiles voisines dans un même atelier et

dont l'artiste poursuit en même temps l'achèvement : l'une
représentant Antiope et Jupiter, l'autre une *Mater dolorosa*.
Il y a là une profanation qui dispose le spectateur à
la sévérité ou tout au moins à l'indifférence. L'art enno-
blit et élève ce qu'il touche; mais c'est faire un mauvais
jeu de mots que de comprendre ce principe en ce sens que
l'art est au-dessus de toute convenance, morale ou religion.
Il n'y a donc pas lieu de s'étonner si certaines œuvres plus
ou moins remarquables d'exécution, de dessin, de couleur,
de composition n'obtiennent de nous que le silence : quand
elle juge la peinture religieuse, la critique tout en tenant
compte de ces qualités, ne doit pas oublier qu'elles ne sont
que secondaires et qu'elles doivent être dominées par des
considérations d'un ordre plus élevé. Il faut donc d'abord
regretter, même dans l'intérêt de l'art, l'absence de sentiment religieux. Toute foi suppose l'abaissement volontaire
de l'intelligence, son humiliation devant des vérités que la
raison ne suffit pas à découvrir ou même paraît contredire
par le témoignage imparfait de sa vue. La religion vit surtout de ces vérités. L'homme se sent capable de l'infini; il
veut toujours s'élever par dessus l'horizon étroit qui em-
prisonne son regard et lui dérobe la vérité suprême : le
mystère l'entraîne donc invinciblement et c'est du mystère
qu'il veut surtout que les prêtres, les philosophes et les
artistes l'entretiennent et l'instruisent. Ce que le raisonne-
ment humain ne peut saisir, ce qui n'a non-seulement pas
de forme sensible, mais à peine, comme on dit en philosophie, une existence de raison, est précisément ce qui fait
l'objet de ses désirs, de ses hommages, de son culte. L'artiste qui n'a pas, pour parler de choses qu'il ne peut pas
comprendre, cet enthousiasme, cet amour que donne la
foi est donc fatalement destiné à produire une œuvre
morte, froide s'il veut peindre des sujets religieux, ou bien,
s'il traite quelqu'un de ces sujets qu'on peut appeler mixtes,
où la personnalité humaine doive se mêler aux scènes
mystérieuses de la religion, il laissera de côté la moitié de
sa tâche. Un peintre habile peut bien rendre la Passion

par ce qu'elle a eu de souffrances, de crimes, et d'un autre côté de courage et de résignation ; mais le mystère caché sous ce barbare spectacle, les hommes rachetés par un Dieu fait homme et fils de Dieu, l'explication sublime d'un des plans les plus obscurs et les plus lumineux de la Providence sur le salut des peuples, — comment en parlera l'artiste qui ne croit pas au mystère du rachat de l'humanité? — Euripide ne chantait pas les Dieux comme les chantait Homère; Scopas ou Praxitèle ne sculptaient ni Minerve, ni Jupiter comme Phidias. La foi, qu'elle soit clairvoyante ou aveugle, sage ou folle, produit toujours les mêmes effets : elle a fait le Parthénon, le Jupiter olympien, la Pallas Athéna, comme elle a fait la cathédrale de Chartres, les loges du Vatican et la galerie de Saint-Bruno. Il y a dans ce rapprochement, — qui ne peut pas être une comparaison, — un enseignement précieux qui condamne d'avance à l'impuissance l'homme assez maladroit pour tenter de traduire sur la toile des vérités qu'il ne comprend pas et auxquelles il ne croit pas. Les mêmes raisons expliquent l'indifférence d'une bonne partie du public pour les toiles vraiment religieuses. On parle à ce bon public une langue qu'il ne connait pas. Il voit bien des saints en prière, des autels, des églises, des vierges, des christs, mais le sens caché, le symbole, le mystère, le côté religieux lui échappent le plus souvent. Tout cela nous conduit naturellement à cette triste conclusion qu'il existe une double cause de l'injuste discrédit de la peinture religieuse : la double ignorance et du public et de l'artiste. Ce que le public et les artistes ont perdu de ce côté, ils semblent l'avoir regagné d'un autre; si le sentiment religieux s'éteint, le sentimentalisme religieux se rallume; si nous n'avons d'un côté que fort peu de grandes toiles bonnes, de l'autre nous avons à étudier à l'exposition une foule de petites scènes charmantes plus ou moins inspirées par la religion et que nous pourrons louer tout à notre aise en faisant à l'avance de grandes réserves et en distinguant bien les limites de chacun de ces deux genres.

Ces réflexions ne sont pas trop longues si on les a trouvées justes : elles facilitent singulièrement le reste de notre tâche; elles nous guideront dans nos jugements et nous serviront à mieux apprécier un petit groupe de peintres qui forment à l'exposition une minorité un peu méconnue, mais avec laquelle il faudra cependant bien compter, comme avec toutes les minorités.

Le tableau de M. Baudry se trouve tout d'abord sous nos yeux : c'est un *Saint Jean-Baptiste* dans la couleur favorite du Titien, couleur un peu pâle, mais d'un effet très-harmonieux; ce saint Jean, très-bien encadré dans l'argent et l'or, est un petit garçon nu, mollement couché, à la chair bien bouffie, aux yeux vifs et chez qui rien n'annonce encore le Saint Précurseur. — Si M. Baudry a trop étudié Titien, M. Gislain sait trop et Rubens et Jouvenet; une immense *Descente de Croix*, assez largement peinte d'ailleurs, rappelle trop les célèbres descentes de croix de ces maîtres. Cet excès de modestie ou d'études nous plaît mieux cependant que l'indépendance excessive de M. Louis Boulanger, qui a trouvé le temps de peindre entre deux scènes de Shakspeare, deux scènes de Don Quichotte, un souvenir d'Espagne et un bazar de Constantinople, une *Mater dolorosa* prétentieuse, recherchée, mélodramatique au point de faire oublier les qualités qui distinguent d'ordinaire ses toiles. Que dire des cartons de M. Galimard pour l'église Sainte-Clotilde? — Que sa *Léda* nous gâte beaucoup ses saintes et ses vierges, et qu'il aurait dû au moins peindre *le Cygne Jupiter* comme M. Baudry. M. Coomans a de la vigueur, du courage, peut-être pas assez de patience. Son *Orgie des Philistins dans le Temple de Dagon* témoigne d'une certaine énergie de pinceau, d'une grande facilité de composition; mais l'exécution n'en est pas assez soignée, surtout pour un peintre né à Bruxelles.

Le tableau de M. Boutebweck, *Sainte Barbe, patronne des Mineurs, bénissant leur vie et leurs travaux*, malgré la singularité et le décousu de la composition, offre des qualités plus précieuses : si on découpait chaque groupe sur la toile, on pourrait faire trois ou quatre bons tableaux. Je recommanderais surtout l'homme qui est peint à mi-corps, sortant la tête d'un puits à mine et recevant sur son échelle sa part des bénédictions de la sainte.

M. Ziégler s'est amusé à peindre sa *Notre-Dame de Bourgogne* dans un ton qui rappelle un peu trop les crûs qu'elle protège; il y a là un excès de reconnaissance; — barbouiller de lie Notre-Dame parce qu'elle protège la Bourgogne; passe encore pour la treille et ses fruits appetissans, mais cette fantaisie de couleur est trop forte : sa vierge a beaucoup trop de ressemblance avec un Bacchus.

M. Hesse a fait une *Descente de Croix* d'une assez originale composition, mais dans une gamme d'un violet vert d'une vérité douteuse et d'un effet peu agréable. M. Hesse a eu une distraction en employant ces tons impossibles. Ce défaut n'est malheureusement pas racheté par la netteté du dessin, chose étonnante chez un premier grand prix de Rome de 1818.

M. Savinien Petit mérite bien, par la haute inspiration de son œuvre et la correction de sa manière, d'être placé à la tête du groupe de réformateurs ou tout au moins de restaurateurs de la peinture religieuse que nous indiquions tout à l'heure. Il n'a pas pris, il est vrai, le chemin de la faveur populaire. Nous serions heureux que notre admiration trop modeste et trop solitaire lui fît voir qu'il est compris au moins par quelques inconnus de ce public qu'il prend pour juge. *L'Institution de l'Adoration du Saint-Sacrement*, destinée à une des chapelles du palais pontifical, offre la réunion des principales qualités que doit avoir tout peintre religieux. La composition en est calme et recueillie. Au milieu, le Sauveur s'élève dans les cieux; deux anges à ses côtés présentent aux hommes le souvenir qu'il leur laisse en quittant la terre, le divin mémorial de toute sa vie, le pain de la grâce céleste; sur l'autel qui porte l'hostie, symbole du sacrifice, un cerf se désaltère à une fontaine, image de l'âme humaine s'abreuvant à la source de vie, *quemadmodum cervus ad fontes aquarum*

desiderat. De chaque côté de l'autel, le magnifique cortège
des gloires les plus pures du catholicisme, la sainte Vierge
à leur tête, vient se prosterner humblement devant l'auguste sacrement : saint Pierre et saint Paul, saint Domi-
nique, le sublime saint François d'Assises avec ses stigmates
sacrés, saint Thomas d'Aquin, sainte Thérèse, sainte Claire
et bien d'autres, tous dans l'attitude d'une adoration profonde et d'un pieux anéantissement devant le miracle de
l'amour divin. Tout dans cette œuvre respire la plus
suave émotion ; les saints y prient avec une ferveur qui
donne envie de prier avec eux ; dans leurs grandes draperies flottantes les anges semblent n'avoir pas quitté le
paradis, intermédiaires gracieux entre le Dieu qui retourne
aux cieux dans toute la majesté de sa toute-puissance
et le Dieu vivant sur terre dans la plus mystérieuse des
transformations. M. Savinien Petit est le digne émule de
ces deux artistes, frères par le talent et l'amitié, qui con-
sacraient de nos jours quinze années de leur vie, de leur
science et de leur foi à peindre à Notre-Dame de Lorette,
l'un les naïves et touchantes litanies de la Vierge, l'autre
la mystérieuse histoire de l'Eucharistie. On ne peut, à notre
sens, faire un plus grand éloge de M. Petit, que de l'associer
à la gloire de ses illustres collègues dans la peinture religieuse, MM. V. Orsel et Alph. Périn. Quant à la couleur de
M. Savinien Petit, nous n'osons trop la juger à côté des
œuvres éclatantes que le pinceau profane de ses voisins
avait toute liberté pour produire. Les yeux, caressés par
les fantaisies les plus harmonieuses, les plus habiles des
peintres de genre ou de fruits qui environnent cette pieuse
toile, sont d'abord bien surpris de l'apparente monotonie
de ces grandes surfaces uniformes dans les tons les plus
tendres et les plus délicats. Il faudrait pouvoir s'abstraire,
s'isoler assez pour se transporter en imagination dans la
salle éclairée, splendide et grave, qui doit recevoir cette
œuvre et la juger ainsi dans son cadre naturel. C'est ce
qui explique un peu la surprise, peut-être même le déplaisir
qu'on éprouve à la première vue ; il faut donc se défier de

ce jugement, et ne pas se gâter, sans bonnes raisons, le plaisir d'admirer et de louer.

M. Ittenbach, habitant Dusseldorf, est trop allemand pour ne pas aimer le symbole; aussi en a-t-il couvert le tableau qu'il a consacré à la *Reine des Cieux*; les attributs, les ornements sont empruntés avec une fidélité scrupuleuse à la tradition catholique, et sa science n'est pas sans inspiration d'un sentiment bien religieux. M. Fossey, dans sa *Sainte Hélène*, s'est montré trop archaïque et pas assez archéologue. Mais le tableau représentant la sainte mère de Constantin, réunissant dans un suprême banquet les jeunes vierges compagnes de sa solitude et de son austère piété, se recommande par un recueillement et un calme tout chrétiens : seulement, que M. Fossey prenne garde de se persuader trop aisément qu'avec des couronnes d'or, des manteaux bleus parsemés de croix d'or, des voiles blancs, des figures un peu amaigries à la mode byzantine, des ornements sobres et gracieux, on fait un tableau religieux. M. Laugée lui prouverait au besoin qu'on peut sans tous ces détails faire un excellent tableau de sainteté. Cette *Sainte Elisabeth*, aussi « chère » que celle de M. de Montalembert, et digne sœur du « bon roy sainct Loys, » n'est-elle pas touchante dans son humble draperie brune, servant elle-même ses malheureux frères, les pauvres, dans la modeste salle du couvent de Longchamps! La douce auréole qui forme le nimbe autour de son voile noir n'éclaire-t-elle pas d'un rayon céleste les traits austères de la noble fille des rois déjà tout inondés de charité et de douceur? Les pauvres gens qu'elle sert la regardent, les larmes aux yeux, la paix dans le cœur, et semblent la charger de porter elle-même leur reconnaissance à Dieu. M. Timbal, avec de meilleures intentions peut-être, plus d'effort, plus d'étude, n'a pas aussi bien réussi dans sa *Prédication de saint Jean l'évangéliste*. Cela ressemble bien plutôt à la conversation de quelques philosophes payens qu'à la prédication d'un apôtre du christianisme : sans le livret, on croirait Platon parlant à ses disciples de son maître Socrate, ou racontant ses voyages en Égypte, ou raillant doucement les célèbres sophistes dont s'engouait la frivolité contemporaine de ses compatriotes les Athéniens. Seulement le peintre lui aurait prêté le Portique, peut-être le Pœcile, au lieu des jardins d'Académus. Le dessin de cette petite toile offre d'ailleurs de graves incorrections ; les personnages paraissent absolument dépourvus de corps et de vie et ne pouvoir se remuer dans leurs étroites draperies bleues. — M. Sébastien Cornu, qu'on ne saurait trop comment rattacher à M. Timbal, nous fournira une transition facile pour passer aux peintres de genre religieux : *L'Invention d'une Statue de la Vierge* est un tableau où le pittoresque domine un peu le côté religieux.

M. Duveau est breton d'après le livret ; il l'est bien plus encore d'après son tableau. Voyez plutôt ces grandes étendues de bruyères sèches, grises, sablonneuses ; le sol se déchire en petits escarpements qui rendent la marche fatigante ; c'est le soir ; le ciel, estampé de nuages sombres, se confond au loin avec la terre ; nous sommes près des bords de la mer ; le vent souffle, gémit, s'embarrasse dans les habits, soulève les cheveux, fait incliner les têtes ; huit ou dix personnes, hommes d'église, femmes et vieillards, courent tout effarés sur la lande inculte. A leur tête, un vieux sacristain au crâne dégarni, les traits bouleversés, s'avance agitant sa sonnette pour commander le respect et faire plier les genoux sur le passage du *Viatique* ; le curé suit accompagné de quelques pieuses personnes, et portant dans un vase sacré le sacrement qui doit consoler le mourant. Tout le monde se presse ; l'inquiétude est sur les visages ; la demeure du moribond est à l'autre bout de la paroisse ; il est à l'heure suprême de son agonie : arrivera-t-on à temps ? Le tableau de M. Duveau dit tout cela et même il le dit trop : les intentions sont accusées avec une vigueur excessive ; les personnages semblent torturés par la crainte et non pas seulement inquiets ; leur course est trop précipitée ; ils semblent emportés par une folle terreur. Pour avoir voulu trop bien rendre, le peintre a été presque burlesque. Cela gâte un excellent tableau.

M. Breton a choisi un sujet moins dramatique. Au milieu de grands blés murs dont les épis dorés sont légèrement inclinés par une chaude bouffée d'un vent d'été, s'avance une nombreuse procession de gens de la campagne en habits de fête, villageoises en robes de toutes les couleurs, jeunes gens aux vêtements triomphants, jeunes et robustes filles dont la robe blanche fait mieux ressortir le teint bruni et hâlé; tous ces gens accompagnent pieusement le grand dais rouge sous lequel le prêtre, enveloppé dans son manteau d'or, élève l'ostensoir sacré et bénit les riches moissons. M. Breton a mis dans cette *Bénédiction des Blés en Artois* la simplicité qui convenait au sujet : peut-être même si l'on voulait chercher sévèrement les défauts, y trouverait-on un peu trop de naïveté, une traduction trop fidèle de ce que la scène peut avoir de commun et de vulgaire. Mais cette imperfection devient presque une qualité dans une peinture champêtre et religieuse; aussi aimons-nous mieux nous en tenir à nos éloges.

Le défaut de naïveté n'est pas précisément ce que nous reprocherons à M. Naudin. Peintre assez correct, dessinateur non sans mérite, autant qu'on en peut juger par un seul tableau, M. Naudin, sans doute peu habitué encore à composer, compte trop sur la perspicacité du public pour l'intelligence de ses idées. C'était une très-heureuse inspiration que d'essayer de traiter cette pieuse et touchante pensée : « *Qui donne aux hommes prête à Dieu;* » mais il aurait été à souhaiter qu'on ait eu moins besoin de l'inscription pour comprendre le sujet. En général, ce ne sont pas les idées qui font défaut; il y a dans toutes les intelligences un peu distinguées assez de délicatesse d'esprit et de généreuses tendances pour défrayer mille chefs-d'œuvre de l'art. Ce qu'il y a de difficile c'est de rendre ces idées, de les exprimer fortement et surtout clairement. C'est en cela que consiste le travail de l'artiste habile et ce n'est que quand il réussit à bien exprimer ce qu'il sent, ce qu'il veut, ce qu'il désire, qu'il mérite d'être rangé parmi les maîtres. A ce compte là, M. Naudin n'y serait pas à sa place.

M. de Coubertin arrive de Rome, et, comme tout voyageur, il veut nous raconter ses impressions. A en juger par le titre des trois études qu'il envoie au Salon, le plus aveugle hasard a dû présider à leur choix. Nous avons bien là trois notes prises en courant dans un séjour un peu vagabond dans la ville éternelle *intra* et *extra-muros,* et retirées du carton comme elles y étaient entrées, — par un pur caprice du sort. Autrement, nous aurions peine à expliquer comment *Les Boutiques de friture et de légumes à Rome* avoisinent *Une Messe pontificale du jour de Noël à Saint-Pierre de Rome,* ou *Les Promenades d'un Cardinal romain.* Le dernier tableau, malgré le voisinage, est assez touchant et bien rendu. Le peintre, errant indiscrètement dans toutes les ruines de la campagne romaine, a surpris une bonne action et ne s'est pas cru obligé au silence. Un cardinal, dans la figure duquel on peut reconnaître les traits de l'un des plus fermes appuis du trône pontifical, accompagné d'un seul aumônier, s'est aventuré dans un endroit désert à la recherche d'une pauvre famille abandonnée et souffrante qu'il vient lui-même consoler de ses paroles et encourager de ses bienfaits. L'endroit est solitaire : il croit n'être pas vu, et le pieux et illustre personnage distribue une large aumône. Mais la signature de M. de Coubertin prouve qu'il y avait un témoin de cette scène et que ce témoin savait comprendre tout ce que cette humble charité cachait de vraie grandeur.

Pour faire comprendre le tableau de M. Michel Dumas, — *Un des derniers actes de dévouement de l'abbé Bouloy, curé d'Oussoy (Loiret), pendant le choléra de 1854,* — il n'y a rien de mieux à faire que de copier le livret :

« Lorsque le choléra éclata en 1854 dans la petite commune d'Oussoy, on vit l'abbé Bouloy donner des preuves d'un dévouement sans bornes, en portant partout des secours et des consolations, et lorsque, effrayés des ravages de l'épidémie, les habitants d'Oussoy abandonnèrent leurs proches et les laissèrent sans sépulture, le digne pasteur, après avoir vainement cherché à relever le moral de ses paroissiens, recueillit chez lui les malades, malgré les menaces des habitants du bourg; il les ramassait sur les chemins ou les prenait dans leurs maisons; les transportait sur ses épaules, et leur prodiguait les secours de la plus ardente et de la plus intelligente charité; passait les nuits auprès d'eux, et lorsqu'ils mouraient, il les ensevelissait lui-même, jusqu'à ce qu'enfin, atteint à son tour par le terrible fléau, il succomba, victime de son courage et de sa sublime abnégation, au moment où l'autorité, enfin avertie, put établir une ambulance dans la commune. » — Voilà une bien longue phrase, mais une bien touchante histoire. Elle valait la peine d'être racontée. Nous aimons à croire que dans ce tableau de M. Michel Dumas, la figure souffrante, fatiguée, mais pleine de résignation et de sublime charité, du saint prêtre nous représente les traits de cet admirable M. Bouloy. Elle est d'ailleurs traitée d'une manière remarquable, et M. Dumas, qui manque de bien des qualités pour être un excellent peintre, paraît avoir une singulière habileté à varier l'expression et la physionomie de ses personnages. C'est une remarque qu'on peut faire en comparant ses deux toiles de *Mater purissima* et *Mater dolorosa*.

Mme Browne — pseudonyme sous lequel se cache un nom connu dans la diplomatie française — a exposé cette année deux bons tableaux : *Les Puritaines* et *Le Catéchisme*.

Deux jeunes filles sévèrement et proprement mises, la tête couverte d'une petite coiffe bien empesée et bien blanche, lisent dans une chambrette, sérieuse comme elles, la vieille bible à tranches rouges du Presbytérianisme. Leurs têtes sont charmantes de pudeur, de recueillement, de piété. On entend les versets tomber de leurs lèvres roses l'un après l'autre, lentement, sans précipitation, comme les gouttes d'eau tombent de la pierre; rien ne les distrait, rien ne les trouble ; elles lisent parce qu'elles doivent lire, sans ennui, sans grand intérêt, par sagesse.

Les jeunes filles qui lisent — en peinture, bien entendu — semblent toujours deviner qu'on les regarde. Les yeux courent sur les feuillets ouverts ; leurs regards ne se détournent pas ; leurs lèvres murmurent tout bas les mots. Qui vous dit qu'elles vous ont vu? Je n'en sais rien, mais j'en suis sûr. — Les jeunes puritaines de Mme Brown n'ont pas ce défaut. Elles lisent sans se douter qu'on les regarde, qu'on parle d'elles, qu'on les admire. La parole sacrée n'a pas à craindre dans leur attention la rivalité de la parole humaine ; les deux puritaines sont tout entières à leur lecture. Elles n'ont pas entendu un mot de notre admiration ni de nos éloges.

Vous est-il arrivé d'entrer dans une église de campagne, un peu avant la Fête-Dieu, le soir, sur les sept ou huit heures. L'église était silencieuse ; les saints priaient tout bas dans l'ombre plus épaisse de leur niche ; la cloche encore agitée par l'*angelus* tintait dans le clocher ses dernières vibrations. Dans le fond de l'église, sur les bancs d'une petite chapelle, vous avez vu, j'en suis sûr, huit ou dix enfants, garçonnets et fillettes, assis à la file et marmotant tant bien que mal les réponses du catéchisme aux demandes du vieux curé. Ils étaient là tous, un peu ennuyés, regrettant le jeu de la place voisine, écoutant les cris des camarades, mais sages, se tenant de leur mieux, « *pour passer à la première communion,* » qui, bien éveillé, prêt à répondre, riant de ceux qui ne répondent pas ; qui, tout endormi, les yeux à moitié fermés par le sommeil, la tête penchée et tremblante ; qui, debout, regardant en l'air pour lire sur quelque rayon de soleil la réponse oubliée. Le prêtre résigné, calme, doux, modeste comme la lampe qui brûle devant l'autel, répétait cent fois la même question, expliquait autant de fois la même réponse, commentait sans se lasser, naïvement, avec le cœur, la parole de Dieu. Regardez un moment le petit tableau de Mme Browne, *Le Catéchisme,* vous retrouverez la scène au complet. Mme Browne a éprouvé les mêmes sentiments que nous, et elle les a traduits avec une délicatesse parfaite. La pensée du tableau est d'une femme ; le talent de l'exécution est d'un homme par la fermeté et la science.

VII.

LES PEINTRES D'HISTOIRE.

I. MM. DEVÉRIA, PENGUILLY L'HARIDON, LABOUCHÈRE.

II. LES PEINTRES DE CHRISTOPHE COLOMB : MM. COLIN, DEBON, MERINO, MARÉCHAL (DE METZ).

III. HISTOIRE SCIENTIFIQUE : M. MATOUT.

Un jour en France il y eut dans les lettres, dans les arts, et même — disent les vieillards — dans la politique, une révolution. Les vieilles majestés de la littérature, de la statuaire, de la peinture furent renversées, et, comme toutes les majestés renversées, elles furent aussitôt remplacées. Hernani, Lucrèce Borgia, Angelo exclurent un certain Racine et un nommé Corneille, qui avaient eu jusque là quelque réputation ; Macbeth, Hamlet, Henri III, Charles IX renvoyèrent Ajax, Philoctète, Agamemnon à l'admiration de leurs contemporains ; Barye campa avec ses lions du désert au milieu des Tuileries, et hérissa le poil peigné et frisé jusque-là du roi des animaux. Les Français, qui ne connaissaient les Turcs que par Orosmane, virent déboucher au coin d'une rue la patrouille turque commandée par Decamps ; les femmes Souliotes poussées par Scheffer et Casimir Delavigne tombèrent de leur rocher ; le cheval sauvage excité par Boulanger emporta Mazeppa dans le désert ; Delacroix suivit Dante et Virgile aux enfers. En ces jours de trouble et de révolution un jeune peintre sortait de l'école ; il voyait le monde pour la première fois. Le sentiment le plus naturel à l'homme est celui de l'imitation : le jeune peintre fit ce qu'il voyait faire autour de lui, du romantisme. Mais il était délicat de santé et d'une constitution frêle. Cet effort le tua.

Depuis *La Naissance de Henri IV*, exposé en 1829, Eugène

Devéria est resté timide, il aura tant qu'il vivra peur du courage qu'il montra, il y a 25 ans. Son talent plein de promesses semble les avoir épuisées en une fois, et, privé de toute sa virilité, il ne vit plus que de souvenir.

M. Devéria a exposé deux tableaux d'histoire, *La Mort de Jeanne Seymour* et *Les quatre Henri*, et un tableau de genre, *La Toilette*.

Stendhal, soutenant un jour cette thèse, que les intérêts de la morale et les intérêts des beaux arts sont en contradiction irréconciliable, donnait comme preuve Henri VIII. Il est vrai que si ce prince avait épousé cinq femmes de moins, la poésie et la peinture y eussent beaucoup perdu. Les artistes et les peintres en particulier sont charmés quand ils lisent dans l'histoire d'Angleterre que le roi Henri VIII, prince cruel et débauché, épousa successivement Catherine d'Aragon, Anna Boleyn, Jeanne Seymour, Anne de Clèves, Catherine Howard, et Catherine Parr. Ils considèrent comme de véritables bonnes fortunes qu'Anna Boleyn et Catherine Howard soient mortes sur l'échafaud. Les bons rois peuvent être sûrs que jamais la peinture ne reproduira leurs traits : le bon roi René, qui peignait des perdrix grises presqu'aussi bien que Rousseau, devrait être le roi des artistes, et je ne sache cependant pas un peintre qui ne lui préfère Pierre le cruel ou Robert le Diable — pas même M. Devéria.

Jeanne Seymour n'est pas à sa place dans les *Annales de la Vertu* où Mme de Genlis raconte sa vie, mais elle mourut jeune, élevée au rang royal pour lequel elle n'était pas née, et surprise au sein de sa haute fortune par une mort presque subite. Cela suffit pour intéresser les esprits et M. Devéria a trouvé dans la mort de Jeanne Seymour une donnée heureuse.

Sur un grand lit dressé au milieu d'une vaste chambre, Jeanne est couchée, pâle, brisée par les efforts d'un enfantement douloureux, demi-morte; une de ses femmes lui présente l'enfant à qui la veille elle a donné le jour, et qui s'appellera dans l'histoire Édouard VI. Un médecin, calme comme la vieillesse et sérieux comme le danger, prend la main gauche de Jeanne et tâte attentivement les pulsations de la fièvre; sur le devant du tableau, au pied du lit, les dames d'honneur, la tête dans leurs mains, pleurent sur leur jeune souveraine; la chambre est pleine de grands personnages, qui viennent étaler aux regards toutes les magnificences d'une cour voluptueuse et élégante. Ce tableau est meilleur à décrire qu'à regarder. Le style de notre récit n'a pas, il faut l'espérer, ces tons morts qui donnent aux chairs l'apparence d'une cire décolorée, ces méplats d'une couleur criarde et fausse, qui choquent désagréablement le regard, ce papillotage marqueté et chatoyant des meubles, des étoffes, des angles qu'éparpille la lumière, ces lignes sèches et raides qui donnent au corps la rigidité d'une figure mathématique.

Les *quatre Henri,* Henri de Guise, Henri de Valois, Henri de Navarre, Henri de Condé, sont assis autour d'une table de jeu où les dés sautillent à la sortie du cornet. Si l'artiste ne cherche dans l'histoire que des exemples de charité chrétienne, jamais scène ne fut plus mal choisie; mais s'il cherche avant tout l'occasion de peindre des physionomies pleines de passions et de caractère, de développer des scènes puissamment dramatiques, de jouer avec de beaux costumes, de chiffonner à l'aise le satin blanc, de faire briller l'or des broderies, d'étaler le luxe de sa palette, jamais donnée ne fut plus favorable. La tête de Condé n'est pas réussie; les autres sont expressives. Le même caractère se retrouve avec ses nuances dans les traits d'Henri de Navarre, d'Henri de Valois et d'Henri de Guise : la duplicité froide, rusée, silencieuse, cruelle, basse, toute florentine dans le dernier des Valois; la duplicité rieuse, pleine de bonhomie, hâbleuse, toute gasconne dans Henri de Navarre; la duplicité hautaine, fière, ambitieuse, toute française dans Henri de Guise. Les poses sont bien étudiées et faciles; mais l'œuvre tout entière manque de verve; dans le fond, les groupes des courtisans sont formés sans habileté et se détachent mal les uns des autres; le dessin est toujours bon, mais il n'est jamais excellent; rien dans ce tableau n'atteste la puissance du talent : c'est une grande aquarelle; ce n'est pas un tableau à l'huile.

Un autre défaut plus grave de la même toile est la mauvaise distribution de la lumière. Voulez-vous qu'un tableau fasse impression sur l'esprit, jetez la lumière abondante, complète, excessive sur le plan principal, sur les personnages importants; refusez-la aux personnages secondaires, aux accessoires de la composition, aux comparses du drame. Vous êtes sûr que ce qui doit être vu tout d'abord frappera les yeux et produira l'émotion que vous désirez, M. Devéria répand la lumière sur ses toiles de tous les côtés; le tableau des quatre Henri est éclairé par une porte et quatre fenêtres; chaque fenêtre donne à la lumière une égale ouverture, et l'intérêt se disperse avec les rayons sur tous les personnages et sur tous les objets de telle sorte qu'il n'est plus sur personne et sur rien : tout atteste dans les deux tableaux d'histoire de M. Devéria que cet artiste est arrivé à l'âge où on n'apprend plus, et qu'il touche à l'âge où l'on oublie.

La Toilette est un à-compte malheureux emprunté par M. Devéria à la dernière période de son talent. Une jeune femme devant un miroir arrange dans ses cheveux une dentelle que lui présente une soubrette; un marquis du XVIIIᵉ siècle, assis derrière elle, lui débite des compliments langoureux. Si ce tableau ne portait pas de signature, personne ne devinerait le pinceau de M. Devéria. La vieillesse du talent ne permet pas l'ébauche; c'est l'heure où il faut se soigner et ne jamais paraître en déshabillé.

« Au printems de l'an treize cent cinquante-et-un, avint
» en Bretagne uns moult haus fais d'armes, que on ne doit
» mies oublier, més le doit on mettre avant pour tous les
» bacelers encourager et exemplyer. »

(Froissard, édit. Buchori.)

M. Penguilly est du même avis que Froissard, et il n'est pas douteux qu'en exposant *La Bataille des Trente* il ne se

propose d'encourager les jeunes bacclers. Il est à craindre
que son tableau ne produise un effet tout contraire.

Au milieu d'une vaste lande, sous un ciel gris, terne et
froid, les trente compagnons de Beaumanoir et les trente
de Brandebourch, couverts de leurs lourdes cuirasses, les
membres plaqués de fer, l'épée à la main,

« Ont maint rude coup feru
» Et rompu mainte lance et perchié maint escu. »

Le sang coule à flots :

« La commence un chapple moult cruel, moult dolent,
» Qu'un quart de lieue entour en va retentissant
» Des coups qui s'entredonnent sur leurs têtes moult grant. »

(Chronique, édit. de Fréminville.)

La scène est tragique dans Froissart et plus encore dans
la vieille chronique rimée du quatorzième siècle, découverte par M. de Fréminville ; elle ne l'est pas dans le tableau
de M. de Penguilly. Les combattants se découpent en lignes
sèches et dures sur un horizon sans air ; le ciel est gris ; le
sol de la lande est gris ; le chêne de mi-voie est gris ; les
combattants sont gris, gris par les armes, gris par les
cuirasses, gris par la figure. Tout est gris. La même couleur
répand sur tous les objets sa monotonie implacable ; rien
de plus froid, de plus immobile, de plus mort que cette
bataille. M. Penguilly, comme pour mieux accuser cette
faute, a placé aux pieds des trente compagnons de Beaumanoir les écussons brillants de leur noblesse. Le croissant
de gueules sur fond d'hermine des Tinténiac, les quinte-
feuilles de sable sur fond d'or des Gérent, les billettes d'argent sur fond d'azur des Beaumanoir, les gueules à besants
d'hermine des Bodégat, les roses à cinq feuilles sur fond
écartelé de gueules et de sinople des Boulard, se détachent
avec un éclat qui ferait pâlir un tableau de Decamps.
M. Penguilly l'Haridon a dépensé beaucoup d'efforts pour
produire une œuvre sans valeur. Le combat des trente
mérite de trouver pour historien un grand peintre, jaloux
de popularité nationale.

M. Labouchère, par des procédés différents, n'a pas mieux réussi que M. Penguilly. *Luther à la diète de Worms* est dans toute la puissance du mot un mauvais tableau.

Une salle immense pleine de la plus splendide assemblée qu'un peintre puisse rêver, l'Allemagne tout entière avec ses électeurs, ses évêques, ses comtes, réunie à la diète de Worms; au milieu, un homme seul, Luther inflexible dans l'entêtement de son orgueil, opposant par un excès suprême de folie l'autorité de sa raison individuelle à l'autorité du monde romain représenté pas ses plus illustres docteurs, l'émotion de la foule, les cris d'une révolte d'esprit, sourde d'abord, mais déjà frémissante, l'éclat des costumes, la splendeur des cérémonies, l'immensité de l'assemblée, la grandeur d'une scène dont les suites devaient changer la face de l'Europe, M. Labouchère a cru tout rendre par une débauche de couleurs disparates. Les tons les plus irréconciliables crient, hurlent, se battent à l'envi sur cette toile, réunis par un caprice malencontreux et mal à l'aise de ce rapprochement forcé. Les nuances, ces transitions de la couleur, sont négligées comme à dessein, et les heurts les plus criards viennent à chaque instant fatiguer le regard. Le dessin disparaît sous ce tumulte, qui s'agite autour de lui et le cache sous ses éblouissements. Le tableau tout entier n'est qu'une palette surchargée où les couleurs ont été brouillées par quelque fâcheux accident d'atelier.

Après tant de critiques, M. Colin fournira une occasion à nos éloges et à notre admiration.

M. Colin est le peintre officiel de Christophe Colomb. Il a retracé épisode par épisode et presque jour par jour cette vie si pittoresque et si dramatique du marin Génois. Le musée du Luxembourg compte parmi ses meilleurs tableaux un *Christophe Colomb découvrant l'Amérique*, dû au pinceau de M. Colin.

Une Scène de la vieillesse de Colomb a donné cette année le sujet d'une composition moins importante par les proportions, mais non inférieure par le mérite.

« Un étranger à pied, accompagné d'un jeune garçon,

s'arrêta un jour à la porte du couvent des moines francis-
cains dédié à sainte Marie de Rubida, et demanda au
portier un peu de pain et un peu d'eau pour son enfant.
Tandis qu'il recevait ce modique secours, le prieur du
couvent, Juan Perès de Marchéna, passant par hasard,
frappé du maintien de l'inconnu, entra en conversation
avec lui et apprit bientôt les particularités de son histoire.
Cet étranger était Colomb, accompagné de son fils Diégo. »
Ce récit, plutôt légendaire qu'historique, est heureusement
traduit sur la toile de M. Colin.

Au seuil d'un couvent dont les arcades éclairées par un
chaud soleil d'Espagne ferment le fond du tableau, Colomb
et son fils attendent l'hospitalité monastique. Juan Perès
de Marchéna s'avance et regarde les voyageurs avec un
intérêt mêlé de surprise. La tête de Christophe Colomb est
admirable. Un historien contemporain parlant d'un grand
homme de la révolution dit, en se servant d'une expression
heureuse mais peut-être trop hardie : « il avait du lointain
dans le regard. » Rien n'est plus vrai de Colomb. Ce regard
qui devait, des rivages de l'ancien monde, distinguer, par
une intuition providentielle du génie, à travers les brumes
infinies de l'Atlantique, les plages encore inconnues de
l'Amérique, est plein d'une singulière puissance et semble
lire à travers l'espace, comme le regard d'un prophète lit à
travers le temps. Le génie de Colomb est aussi doux qu'il
est élevé et tient du cœur autant que de l'intelligence.
M. Colin l'a compris, et il a donné à la tête de Colomb une
expression de tranquillité sereine et de résignation inef-
fable. L'exécution est à la hauteur de la pensée, et peu de
tableaux ont à l'exposition actuelle des qualités aussi sérieuses, aussi dignes d'attention.

Trois tableaux de genre du même peintre, *Les Nymphes
au Bain*, *Le Raphaël dessinant dans la Campagne de Rome*, et
La jeune femme d'Arles, se recommandent par les mêmes
qualités.

M. Maréchal nous représente dans un riche pastel
Christophe Colomb ramené du Nouveau-Monde.

Trois conditions sont exigées pour un bon tableau : il faut une idée, un bon dessin et une bonne couleur. Le dessin de M. Maréchal est excellent; sa couleur est détestable; son idée est médiocre.

Chargé de chaînes, seul, la nuit, sur le pont du vaisseau, assis sur un tas de cordages, triste comme la mer qui vient en pleurant frapper la lèvre des écoutilles, Colomb rêve sans doute au temps où il traversait pour la première fois ces flots qui le portent maintenant vers les rivages ingrats de l'Espagne; voilà pour le sujet; le ton brûlé d'un vitrail mal peint, un empâtement lourd et sans air de couleurs sales, une couche épaisse d'enduit roux et charbonné, voilà pour la couleur; une tête étudiée avec une patience de bénédictin, des gestes dessinés avec une perfection idéale, des lignes d'une énergie, et d'une exactitude admirable, beaucoup de science anatomique, voilà pour le dessin. Le pastel de M. Maréchal peut être loué à l'excès et blâmé à l'excès, et cependant l'éloge et le blâme avoir chacun leur raison d'être.

M. Merino est moins heureux; sa médaille n'a pas de face; elle n'a qu'un revers. Il a traité le même sujet que M. Colin : *Christophe Colomb et Diégo au couvent de la Rubida.*

Une idée folle dont il est impossible de se défendre au premier aspect de ce tableau, c'est qu'on regarde une exposition de curiosités anatomiques. Christophe Colomb ressemble à ces bohémiens qui traversent l'Espagne en montrant des bêtes curieuses empaillées, des enfants venus avant terme avec six mains et trois têtes, des femmes qui mangent du feu, et des singes à huit pattes. Le petit Diégo est un véritable monstre : tête sans proportion avec le corps, bras collés autour de la poitrine, teint cadavéreux d'embryon conservé; on se demande à soi-même quel plaisir ces bons moines peuvent trouver à regarder ce hideux petit monstre.

M. Merino, né à Lima (Pérou), fera bien de changer sa manière s'il veut prendre rang parmi les peintres français.

Ce n'est pas à dire que nous lui proposions pour guide
M. Debon, et pour modèle idéal le *Christophe Colomb* de ce
peintre.

Jordaens est un grand peintre; il peignait admirablement ces gros buveurs Hollandais et Flamands, au nez
rouge, aux joues avinées, à l'œil pétillant, ces piliers de
taverne, gras, rubiconds, grossiers, bien nourris, ruisselant
l'orgie, dont son maître, Van Ort, était le parfait modèle.
Nul mieux que Jordaens ne savait crayonner sur les vitres
d'un cabaret ces types de gloutonnerie, d'intempérance et
d'ivrognerie brutale qu'il avait sous les yeux. Est-ce à dire
qu'un pastiche de Jordaens puisse nous donner une idée
juste de Christophe Colomb faisant devant les incrédules
l'expérience de l'œuf? M. Debon le croit. Son Christophe
Colomb est un vieux truand que vous avez rencontré cin-
quante fois dans les bouges flamands; sa peau rugueuse
fleurit sous l'épiderme rubiconde et vineuse; ses traits sont
déformés par les longs repas; ses lèvres rabelaisiennes
sont fendues par la pipe et les grossiers propos.

Il y a de par le monde, si l'on en croit un spirituel antiquaire, M. Feuillet de Conches, vingt-et-un portraits authen-
tiques de Colomb; il n'y a pas deux de ces portraits qui
représentent la même figure; mais sur ces vingt types
différents pas un ne rappelle la face hideuse du Christophe
Colomb de M. Debon. Je ne sais pas si Colomb avait la
figure longue, ovale, ronde ou carrée; les yeux verts, bleus,
noirs, profonds ou saillants; la bouche petite, large, serrée
ou ouverte; mais j'affirme qu'il avait de la noblesse dans
les traits, de la grandeur dans les lignes, du génie dans le
regard. M. Debon, s'il me lit, n'admettra pas ce paradoxe.

J'en commettrais un plus impardonnable, si je prétendais
que les tableaux de M. Matout n'intéressent pas le public.

Dans une salle de l'Hôtel-Dieu, un homme étendu sur
l'un de ces petits lits à rideaux blancs, qui ont caché tant
de souffrances, une jambe entourée d'appareils, de petites
planches, de bandelettes, de compresses; un médecin debout, expliquant à ses élèves l'effet produit par le bandage;

dans un coin du tableau, un infirmier préparant une com-
presse. Il n'y a là rien de positivement gai, ni de bien
attrayant. La foule cependant regarde ce tableau avec une
attention soutenue, et si l'éloge du critique se mesurait au
nombre des exclamations sorties des lèvres du public, le
tableau de M. Matout serait le chef-d'œuvre de l'exposition.

*Lanfranc ouvrant dans l'église Saint-Jacques-la-Boucherie
les premiers cours de chirurgie, et Desault démontrant à ses
élèves l'appareil inventé par lui pour les fractures de la cuisse*,
sont deux bons tableaux destinés à la décoration du grand
amphithéâtre de l'Ecole de Médecine. M. Matout a su dans
l'histoire de la médecine choisir deux de ces épisodes qui
marquent une époque et font date pour la postérité. Peut-
être a-t-il mis dans ses compositions une majesté trop
théâtrale? Mais la peinture décorative a ses exigences
propres, et le peintre doit s'y soumettre.

Un éloge sans réticences doit récompenser M. Matout
d'un travail consciencieux et d'études poursuivies avec
persévérance.

VIII.

I. PEINTRES DE PORTRAITS : MM. FLANDRIN, GIGOUX.
Mᵐᵉ O' CONNELL. MM. LAFON, GIRAUD.

II. PEINTRE DE FLEURS : M. Sᵗ. JEAN.

III. PEINTRES D'ANIMAUX : MM. JADIN, STEVENS, ROUSSEAU
(PHILIPPE), DE COCK, PALIZZI, VERLAT.

Si les tableaux d'histoire sont rares à l'exposition, les
portraits sont trop nombreux. On en compte au livret cinq
cent cinquante-sept. Cinq cent cinquante-deux n'ont beaucoup d'intérêt que pour les personnes qui ont voulu se
faire peindre afin de laisser à leurs familles un souvenir
touchant de leur physionomie. Mais la critique a tout dit
quand elle a parlé des portraits de Mᵐᵉ L... par Hippolyte

Flandrin, d'Edmond About par Mme O'Connell, de M. Veuillot par M. Lafon, de la princesse de Mniszech par M. Gigoux, et de la comtesse de Castiglione par M. Giraud.

Le portrait de Mme L..., par M. Flandrin, est un chef-d'œuvre. La sévérité du dessin, la patience du modelé, le choix de la pose, l'élégance des lignes, la fraîcheur et la vérité des chairs, la distribution facile de la lumière, le fini discret des accessoires, tout un ensemble de qualités excellentes appelle sur ce tableau l'attention et l'éloge des plus délicats. « Les portraits sont difficiles et demandent » un esprit profond. » Mascarille avait grand raison; il faut être un observateur perspicace, un disciple de Thomas Reid ou de Dugald Steward pour deviner dans les lignes de la tête, dans les traits du visage, dans la profondeur des yeux, dans la saillie plus ou moins accusée des sourcils, dans l'élévation du front, dans la courbe de la joue, dans la flexion de la lèvre, dans le jeu de la pensée sur le masque, cet attrait mystérieux de la physionomie, l'expression. La photographie, cette contrefaçon de la peinture intelligente, prouve, souvent jusqu'à l'horrible, que la ressemblance n'est pas l'exactitude. L'exactitude consiste dans la reproduction parfaite de certains creux par certaines ombres habilement disposées, de certaines lignes par certains traits, de certains muscles bien charnus par certains méplats bien glacés. La ressemblance est un mérite plus rare et d'un ordre plus élevé. Avant de prendre son pinceau ou pendant qu'il peignait avec tant de soin cette belle robe de soie aux plis savamment cassés, aux tons bien éclairés, M. Flandrin, nous en sommes sûr, faisait causer Mme L... Il appelait sur son visage l'expression tantôt d'une pensée gaie, tantôt d'une pensée triste; il y faisait éclater l'étonnement; il y laissait l'ennui se répandre; il variait à l'infini les expressions; il essayait toutes les émotions, un peu, moins la cruauté, comme Cléopâtre essayait les poisons sur les esclaves d'Antoine. Mme L..., qui ne se doutait pas de l'épreuve, riait, s'ennuyait, s'étonnait, s'animait, s'attristait, et, dans cette mobilité toute naïve d'expressions diffé-

rentes et successives, livrait à l'attention du peintre cette
expression unique qui est le caractère de la figure, comme
certaines notes sont le timbre dans la voix. Cette expression
originale, toujours permanente sous les modifications les
plus variées de la figure, M. Flandrin l'a reproduite dans
son tableau, et voilà pourquoi le portrait de Mme L..., comme
tous les bons portraits, est une œuvre de haute psycologie
en même temps qu'un chef-d'œuvre de large et sérieuse
peinture.

Mme O' Connell n'a été ni aussi heureuse, ni aussi habile
dans le portrait de M. Edmond About. La figure est petite,
un peu carrée ; le front large mais sans ouverture ; la lèvre
plissée par une moquerie prête à s'échapper, l'œil vif, clair
et animé sans aucune profondeur, le teint d'une paleur un
peu sale : le tout peint mollement et dessiné sans aucune
conscience. Mme O' Connell, habituée aux éloges de la critique, ne les mériterait pas si ses portraits n'avaient jamais
mieux valu que celui de M. About.

Le rédacteur en chef de l'*Univers*, M. Louis Veuillot, a
été beaucoup plus heureux que le critique du *Moniteur*.
M. Lafon a fait de lui un bon portrait. Le dessin en est
excellent et la couleur assez satisfaisante. M. Louis Veuillot
— à qui n'en jugerait que par son portrait — n'est pas
certes une petite maîtresse. Ses traits fortement accusés,
ses grosses lèvres épaisses, ses cheveux presque crépus, ses
yeux animés n'ont rien de joli ; mais il a dans toute la physionomie une grande expression de pensée puissante, de
tristesse âpre et virile, et d'une fierté presque athlétique,
quoique tempérée de douceur. On doit féliciter M. Lafon
d'avoir saisi dans son modèle l'idéal d'une expression très-
belle et très-sérieuse.

Le portrait de M. Louis Veuillot ressemble à celui de
Mme la comtesse de Castiglione comme le *Jugement dernier*
de Michel-Ange à la *Cruche cassée* de Greuze. Latour n'a
jamais mis plus de frivolité, plus de coquetterie, plus de
fioritures dans le portrait d'une de ses marquises que
M. Giraud dans le portrait de Mme la comtesse de Castiglione.

Le Marivaudage qui ne vaut pas sa réputation en littérature est en peinture bien au-dessous d'elle. M. Giraud a un talent trop réel pour ne pas s'élever au-dessus de ce genre agréable et gentil, qui est un symptôme de décadence et ne peut plaire longtemps qu'au mauvais goût. M. Gigoux a fait de la princesse de Mniszech un bon portrait très-désagréable à regarder. La dernière qualité qu'un peintre doive oublier dans un portrait de femme, c'est la grâce. On a plusieurs fois donné cet avis à M. Gigoux ; il s'est toujours obstiné n'en pas tenir compte.

Voiture n'aurait éprouvé aucun embarras à passer d'un portrait de femme à un peintre de fleurs, et parlerait ici tout naturellement de M. Saint-Jean. Les Français n'ont pas, en général, la patience de l'observation. Aussi voit-on chez eux peu de tableaux représentant les petites scènes de la nature : les épanouissements d'une touffe de jonquilles aux premiers soleils du printemps, les ascensions d'un scarabée d'or vers la houppe soyeuse d'une chicorée des champs, ou l'aigrette élégante du sainfoin fleuri, les malheurs d'une rose effeuillée par les larges gouttes d'eau d'un orage, les évolutions d'une libellule autour d'un iris, ou d'une bande de fourmis dans un fraisier. Picciola est une plante rare dans les ateliers comme dans les bibliothèques. La persévérance minutieuse qui, la loupe en main et retenant son haleine, regarde pendant des heures les membranes imperceptibles d'une feuille, les bulbes légères d'un fruit, le velouté laineux d'une belle pêche, les excavations sanguinolentes d'une grenade entr'ouverte, cette recherche des infiniments petits, qui ne se lasse d'étudier une fleur que quand elle est tout-à-fait fanée et mutée sur les pages blanches de l'herbier,— cette qualité précieuse, qui est presque une vertu, manque à nos compatriotes. Ils n'ont pas non plus, en général, une autre qualité aussi nécessaire au peintre de fleurs ; — je veux dire cette propreté qui ne peut appartenir qu'aux gens d'un caractère calme, aux esprits qui ne s'emportent jamais, et qui pensent toujours à ce qu'ils font. Pour

rendre avec des moyens humains les tons purs et doux
du lys, tons non plus purs que ceux de la joue de la
jeune fille ou de l'enfant mais plus constamment purs
— car aucune passion ne les altère jamais, — il faut des
couleurs fines bien broyées, des outils nettoyés avec la
patience d'un flamand, je ne sais quelle netteté de la palette, ni quelle limpidité d'un pinceau bien lavé !

Par toutes ces qualités qui n'excluent pas le génie, mais
le servent admirablement, Van Huysum est le Michel-Ange,
le Raphaël, en même temps que le Titien des fleurs. Nul
n'a su comme lui rendre leur fraîcheur, leur transparence,
leur chasteté, leur harmonie, leur majesté, la délicatesse
splendide de leurs plus petits détails, les magnificences de
leurs beautés souvent microscopiques. Je sais une impériale
vue de face que les plus grands maîtres ne désavoueraient
pas, tant la science du racourci y est merveilleuse ! Baptiste,
notre compatriote, est bien loin de Van Huysum, quoiqu'on
en ait pu dire. Sa touche est habile, sa composition élégante
et facile, sa couleur suffisamment bonne, mais chez lui
toutes les fleurs se ressemblent ; elles perdent, en venant
sur ses toiles, leurs caractères, leurs habitudes, leur personnalité, je dirai presque leur *humour*. Baptiste les connaît
par réputation ou pour les avoir vues dans le monde ; il n'a
pas vécu avec elles. Le mérite de sa peinture est dans une
entente gracieuse de la décoration.

M. Saint-Jean n'a pas le fini de Van Huysum, mais il est
le réaliste de la grâce et de la fraîcheur ; son talent est
facile, large, heureux. Ici, une douzaine de roses thé ont
été oubliées sur une touffe de bruyère par quelque jeune
fille appelée à l'improviste loin de son bouquet ; bruyères
et roses confondent leurs gouttes de rosée ! Ce petit tableau
est tout un poème charmant, et l'on se demande ce que
l'on préfère de la grâce simple et ingénue de la plante des
bois ou de la beauté plus majestueuse et splendide de la
reine des fleurs. Là, de magnifiques fraises sont posées sur de
vigoureuses feuilles de choux aux puissantes nervures velou-
tées. A ces mérites d'exécution, M. Saint-Jean réunit un char-

mant mérite de pensée. Il consacre la plupart de ses compositions à la sainte Vierge, à la Rose mystique. Les fleurs,
ces gracieuses créations jetées par le Tout-Puissant sur la
route du voyageur, sont l'ornement naturel de l'image de
la Reine des Cieux; nous félicitons M. Saint-Jean de cette
pensée, qui lui vient du cœur, et sanctifie son talent.

Les fleurs n'ont, à vrai dire, qu'un peintre; les animaux
en ont plusieurs. Les animaliers — le mot est reçu, nous
dit-on, — sont tous les ans plus nombreux aux expositions,
et leurs toiles y tiennent une plus grande place. Comme il
est mal commode de marcher en foule dans le même chemin, ils se sont divisés, à leur insu peut-être, en deux
groupes, et suivent, à quelque distance les uns des autres,
des voies différentes, sinon complètement opposées. Les
uns peignent les animaux sans parti pris; ils étudient scru-
puleusement les habitudes, les allures, les manières, les
poses, les gestes, le caractère d'un chien, d'un cheval ou
d'un mouton, et arrivent avec un talent merveilleux à la
reproduction exacte et intelligente de leurs modèles. Leurs
bêtes sont vraies comme nature, plus vraies peut-être. Elles
ont de l'esprit quelquefois, mais comme des bêtes, non
comme des philosophes; elles rêvent, mais à leur manière;
des passions les agitent, mais non les passions de l'homme;
elles prennent leur parti de rester tout simplement bêtes,
et d'être ce que Dieu les a fait.

Les animaliers du second groupe sont plus délicats et
plus raffinés; peindre un chien pour peindre un chien leur
paraît un travail misérable; ils veulent mieux; ils ajoutent
un peu, ils retranchent un peu à leurs modèles; ils atté-
nuent certains traits; ils en font saillir plus vivement certains autres; ils donnent à leurs bêtes une intelligence, des
passions qu'elles n'ont pas, et qu'elles ne peuvent pas avoir:
elles parlent; elles n'aboyent pas; elles ne bêlent pas; elles
ne hennissent pas; elles ne mugissent pas; elles causent;
elles philosophent; elles écrivent des mémoires; elles lais-
seront après elles des confessions, ou, si elles sont de leur

siècle, des confidences; à la rigueur, elles écriraient des feuilletons et, à coup sûr, elles en lisent.

Ce second groupe d'animaliers est le plus en faveur auprès du public : il a la vogue, et tout porte à croire qu'il la conservera encore quelques années.

Cette vogue est-elle légitime? Nous ne le pensons pas. C'est une grosse erreur de croire que l'idéal de l'animal soit l'homme; une des lois les plus sûres de l'art, c'est que la perfection n'est jamais dans l'attribution à un être inférieur des qualités d'un être supérieur. Tous les êtres ont leur idéal, mais un idéal qui leur est propre; le type le plus parfait d'une bête, est une bête, non un homme : donnez à la physionomie d'un chien un trait de la physionomie humaine, vous ne ferez ni un chien, ni un homme, vous ferez un monstre.

Ces principes, qui, ainsi définis, semblent être des lieux communs naïfs, sont quotidiennement mis en oubli dans la pratique. On croit avoir fait beaucoup en mettant dans les yeux d'un terre-neuve le regard d'un homme; on est fier de sa découverte, et on estime son tableau à un très-haut prix. Voyez quelle profondeur dans le regard! Quelle bonté dans cette tête! Quelle admirable expression! Quelle grandeur dans le caractère de ce vieux chien! Et le public d'admirer, d'applaudir et d'acheter fort cher. Le critique, passant au milieu de cette admiration, réclame. — Prenez garde, dit-il, vous admirez ce qui n'est point beau; il n'y a de beau que dans le vrai. Vous n'avez jamais vu à un chien un regard aussi profond, aussi philosophique; ce qu'on vous montre, ce n'est pas un chien, prenez garde. — Le public hausse les épaules, et trouve que la critique est bien pédante, et ne sait pourtant ce qu'elle dit. Puis, à vingt ans de là, il arrive que ces animaux si admirés sont passés de mode; qu'ils ont duré, comme toutes les fantaisies, la durée d'un caprice; et, au contraire, les vrais peintres d'animaux, qui peignaient sérieusement et sans préoccupation frivole, sont admirés, compris, et loués de l'éloge le plus précieux, celui de la réflexion et du temps : en résumé, MM. Jadin,

Rousseau, Monginot, et Joseph Stevens sont les animaliers en faveur; mais dans vingt ans leur tour sera passé, et M. Xavier de Cock sera tenu pour un maître, et régnera sans rival.

Est-ce à dire que *Les sept Péchés capitaux*, personnifiés par sept chiens et chiennes de la plus criminelle physionomie, ne soient pas un des plus amusants tableaux de M. Jadin et de l'exposition? Bien au contraire. Superbia est une levrette aristocratique, née entre la rue de Varennes et la rue de Bourgogne, habituée aux grands appartements bien chauffés, et aux moelleux tapis, dédaigneuse des gros morceaux, ne daignant croquer que des gimblettes et des os de poulet bien choisis, proprette, vaniteuse jusqu'au bout de la queue, montrant des dents bien blanches au téméraire Libido qui paraît lui tenir des propos inconvenants, sûre de son quant à elle et de ses trente-deux quartiers. Invidia convoitait pour son dîner une patte de canard; il l'avait vu passer fumante, juteuse, grasse, tendre, un peu saignante, rôtie à point, colorée d'une belle teinte; mais la patte de canard a été donnée à Minette, la chatte favorite. Invidia n'en peut mais; ses yeux brûlent; ses crocs se montrent, mais cachés en partie par des lèvres serrées et presque blanches. Invidia se couche; il rampe; sa tête exprime un mélange charmant — pour un physionomiste, bien entendu, — de bassesse, d'hypocrisie, de convoitise trompée, de regret haineux. Chacun des vices est ainsi exprimé avec le même esprit. Les péchés capitaux sont définis avec une vérité parfaite.

Un Hallali de Sanglier à la Gorge aux Loups (forêt de Fontainebleau), est presque un tableau d'histoire. La bête sauvage, harassée, furieuse, épuisée, haletante, va succomber après une dernière lutte. Ses petits yeux enfoncés dans la chair velue sont rouges comme de la braise allumée; ses défenses blanches et longues, teintes par endroits du sang des chiens éventrés, coupent à droite et à gauche les buissons, les arbrisseaux et les limiers. La meute entoure sa proie; les abois, les hurlements plaintifs, les appels du cor,

le tumulte de l'hallali fait tressaillir les échos de la forêt ;
la scène est mouvementée comme une mêlée. Les chiens
de M. Jadin ont perdu dans leur course folle à travers bois
un peu de leur esprit, et ce tableau échappe en partie au
reproche général que nous avons adressé à ceux de
M. Jadin.

Les chiens de M. Stevens (Joseph) sont hommes du
monde ; leur poil propre et luisant ne cache pas un grain
de poussière ; ils ne montent pas sur les fauteuils sans per-
mission, et savent tenir pendant un quart-d'heure un mor-
ceau de sucre sur l'épine immobile du museau ; enfin —
dernière preuve — ils s'ennuient et à en mourir. Voyez un
peu M. John ! quel dégoût profond des choses de ce monde !
L'oisiveté lui pèse, et le travail ne lui est pas possible ; il est
désœuvré ; il ne sait que faire ; dormir ? il n'a pas de sommeil ; manger ? il n'a pas faim ; il a le spleen ; il éprouve
jusqu'au fond de l'âme la vague mélancolie du désœuvre-
ment ; mais qu'a-t-il vu ? il s'est élancé ; le voici tout ranimé ;
il lève la tête, dresse l'oreille, tend la patte ; il a aperçu
une grosse mouche noire sur le papier blanc de la muraille.

Chacune des toiles de M. Stevens exprime quelque idée
délicate, quelque sentiment bien étudié. Ses chiens ressemblent aux héros de M. Octave Feuillet ; leur sensibilité
est exquise ; leur parler recherché ; leurs pensées ingénieuses. Sont-ce des chiens ? Sont-ce des diplomates en
tournée dans le grand monde ?

On ressemble toujours à ses amis. Le chien peut ressem-
bler à l'homme sans trop d'invraisemblance ; mais qu'un
déjeûner de lapins rappelle un déjeûner servi par le Rocher
de Cancale à de jeunes doctrinaires de la Restauration,
c'est un abus exagéré de symbolisme, et M. Philippe Rousseau va trop loin. Ils sont réunis autour d'un grand saladier plein de feuilles de choux et de débris de carotte ; ils
mangent d'un bon appétit ; le gros blanc est l'amphytrion ;
il est bien en cour et M. de Villèle veut l'attacher à son
cabinet particulier ; en attendant, le futur homme d'Etat
mange à belles dents comme un vrai lapin ; à sa gauche,

ce petit brun a l'air d'un intrigant; je le soupçonne de con-
voiter cette grosse carotte qui est au milieu du saladier; il
tend le museau avec une témérité sournoise et hypocrite
qui paraît sûre d'arriver à ses fins. Quant au grand lapin
noir, c'est un lapin sérieux; il devrait porter des lunettes
d'or; il mange avec dignité, sans perdre une bouchée; à
vrai dire, il a raison. Cette feuille de choux est très-appe-
tissante. M. Rousseau est un animalier spirituel. Son *Déjeûner de Lapins* en est la preuve. Mais chercherait-il à devenir
un animalier sérieux? Renoncerait-il à l'esprit pour trouver la
vérité. Son *Lièvre chassé par des Bassets* nous le ferait croire.
C'est l'hiver : les bois dressent les colonnades noires de
leurs arbes dépouillés le long des avenues, où la neige étend
ses couches épaisses et étincelantes; la bise siffle. Le pauvre
lièvre a été facilement déterré : trois bassets le suivent à la
piste. Ils sont là-bas au bout de l'allée; ils courent; ils
arrivent; les voici. Janot levraut fuit, l'oreille couchée sur
le dos, le nez en avant, l'œil rouge. Echappera-t-il? Sera-t-il
pris? La question n'est pas résolue. M. Rousseau a, dans
cette petite toile, prouvé qu'il avait un talent assez sérieux
pour faire d'excellents tableaux, s'il voulait oublier les
fables de Lafontaine illustrées par Grandville et s'inspirer
des maîtres Desportes, Oudry, Chardin.

MM. Monginot et de Balleroy sont de l'école de M. Jadin.
Ils ont moins de talent et autant d'esprit. Les chats de l'un
et les chiens de l'autre peuvent amuser le public; ils ne
méritent pas les éloges de la critique sérieuse.

M. Xavier de Cock, nouveau venu à nos expositions, se
place d'emblée à la tête des animaliers consciencieux et
vrais. Il est le chef incontestable de ce groupe intelligent,
qui cherche à faire bien en suivant les saines traditions du
genre plutôt qu'à plaire au public, en écoutant les exigences
de la fantaisie et de la mode. M. Xavier de Cock peint des
vaches. Une plaine immense bordée à l'horizon de peupliers
et de saules, une herbe verte, dure, fraîche, odorante,
d'une végétation puissante et plantureuse, des ajoncs aux
tiges rouges le long de petits ruisseaux à demi cachés sous

les gazons, une brume épaisse et humide étendue sur la
terre, rampant autour des arbres, et étalant comme un
vêtement sa fluidité moelleuse, un ciel chargé de nuages,
une chaleur automnale et féconde; au premier plan du
tableau, cinq ou six vaches traversant lentement la prairie,
s'arrêtant de temps en temps pour brouter, avançant leurs
grands mufles bruns pour flairer les trous d'eau, majestueuses de port et d'allures, suivies d'un petit pâtre en hail-
lons; telle est la scène que M. de Cock a traduite sur sa
toile avec un admirable talent. Ses grandes bêtes aux
membres carrés, aux fanons pendants, aux jambes courtes
et noueuses, aux genoux cagneux, aux pis traînants, à la
pesante encolure viendraient paître dans les paturages de
Paul Poter qu'on ne penserait pas à les renvoyer. M. de
Cock n'exprime que ce qu'il voit; il ne devine rien, non par
impuissance, mais par un juste dédain. Les vaches intéressent, attirent, charment, émeuvent par la simplicité vraie
et calme de leur physionomie. Leur beauté a une gravité
magistrale, qui leur vient de la nature, non de l'homme.
Celles-là traversaient une prairie; celles-ci boivent à une
mare. Un enfant les conduit. Elles sont deux, l'une est
blanche, l'autre brune tachetée de noir. Leurs grands yeux
regardent fixement; leurs larges babines velues aspirent
puissamment l'eau; l'enfant caresse de la main leurs vastes
flancs au poil court et luisant, sans les troubler; un rayon
de soleil se faisant passage à travers la trame serrée d'un
buisson de muriers sauvages et de houx, éclaire avec un
charme infini ce charmant tableau. M. de Cock, encore
inconnu du public, mérite d'être célèbre à l'égal des grands
maîtres, et le sera.

M. Verlat est, non par le talent, mais le caractère des
études et des tendances, le frère de M. de Cock. Ses renards
sont d'une peinture excellente et d'une remarquable vérité.
M. Verlat n'a pas étudié le renard dans Buffon, mais aux
abords des basses-cours, le matin, entre quatre et cinq
heures. On ne sait pas comment il a pu forcer son modèle
à se laisser peindre, mais il aurait exigé trois cents séances

à deux heures qu'il ne connaîtrait pas mieux son renard. Il en sait tous les détails et les reproduit avec une exactitude parfaitement intelligente. Le museau pointu, fin, un peu relevé à l'extrémité, les pattes délicates et un peu grêles, la queue bien fournie et mobile, le dos souple, le poil bien drapé, la robe de feu luisante de propreté, les yeux vifs et méchants; tout est rendu avec beaucoup de bonheur, et, mérite précieux, sans aucune fausse recherche d'esprit.

> Ne forçons point notre talent ;
> Nous ne ferions rien avec grâce.

M. Verlat, le Paul Poter des renards, a voulu peindre de grandeur naturelle une charrette traînée, le long d'un chemin en pente, par trois gros percherons. C'était forcer son talent et compromettre sa réputation. La toile, peinte sous cet effort malheureux, témoigne sans doute d'études sérieuses et d'une connaissance très distinguée de l'anatomie du cheval, mais à quoi bon tant de science pour choquer le goût des moins délicats? Il faut, dans l'intérêt de M. Verlat, le renvoyer à ses petits.renards.

Le plus doux des animaux ne se plaindra pas de la place donnée à M. Palizzi à la fin de ce chapitre. M. Palizzi peint les moutons conformément aux saines traditions et aux bons principes. A regarder un peu longtemps ses toiles, on sent l'odeur chaude de la bergerie et l'on entend la plainte d'un bêlement monotone. Le seul défaut de M. Palizzi est de choisir pour ses modèles les moutons prodiges des bergeries impériales de Rambouillet. Les exigences de la boucherie et celles de la peinture ne sont pas les mêmes, et tel gros mouton aux cuisses charnues peut être excellent à manger et détestable à peindre. Cette faute n'ôte rien au mérite de M. Palezzi qui reste un des bons animaliers de notre temps.

IX.

LES PEINTRES DE GENRE.

I. M. HAMON ET LES NÉO-GRECS.

II. MM. MEISSONNIER, FLORENT WILLEMS, ALFRED STEVENS,
EDOUARD FRÈRE, CHAVET ET KNAUS.

Notre siècle est par excellence le siècle des antiquaires ;
on l'a accusé souvent de ne pas avoir le génie des grandes
et belles choses, on ne saurait pas l'accuser justement de
n'en avoir pas le goût. Il est même en ce point d'une
modestie que nous nous sentons porté à blâmer. Il y a
en effet deux excès qu'il faut également éviter lorsqu'on
veut juger l'antiquité, et il est malheureusement très-rare
de voir les gens prendre ce juste milieu que, contrairement
au précepte d'Horace, il faut choisir en tout excepté en
vertu. Les uns dénigrent le passé, et, se renfermant dans
les seules limites du présent, se privent ainsi volontairement du secours qu'ils pourraient recevoir d'une étude
intelligente et sévère des œuvres qu'il a produites ; d'autres
moins bien inspirés encore, se condamnent à une immo-
bilité impuissante en louant sans réserve et jugeant comme
au-dessus de tous les efforts de nos artistes, tout ce que
la rouille a rongé, le temps ruiné, les siècles moisi.
Les premiers obéissent au moins à l'un des sentiments
les plus féconds et les plus vivants du cœur humain,
l'idée du progrès, idée aussi généreuse que juste, quand
elle s'appuie sur la force de l'esprit et du talent. Les
seconds, plus prudents, sont moins raisonnables et mé-
connaissent une des lois les plus remarquables de notre
nature que son imperfection même pousse toujours vers
un idéal insaisissable de perfectionnement. — L'antiquité
grecque surtout offre à nos artistes des modèles si purs et
si séduisants, qu'ils sont toujours tentés de lui demander

non-seulement le secret de ses chef-d'œuvres et de l'inspiration de ses maîtres, mais encore les types, la forme, l'idée de leurs compositions. Il s'est même élevé en peinture une école qui ne cache pas au public le désir qu'elle a de faire revivre les traditions, les symboles, presque le culte de l'art grec. Tant que cet effort n'aura pas d'autres effets que de témoigner d'une légère prétention d'antiquaire, nous applaudirons sans scrupule à ces fantaisies d'archaïsme, heureux de retrouver dans de petites saynettes grecques, la grâce, la pureté, la douce mélancolie de ces charmants petits poëmes dont on a nourri les studieuses années de notre collège. Qu'Anacréon, Théocrite, Bion, Moschus, Sapho, Pindare soient pillés, étudiés, commentés par les néo-grecs de l'école de M. Hamon, nous aimons presque autant cette manière de les traduire que celle de Mme Dacier, de Gail ou de Servan de Sugny ; le texte nous paraît ainsi presque aussi précieux que celui de Heindorf de Berlin. — Mais il ne faut pas attacher à ces commentaires, en dépit d'une fidélité souvent charmante, plus d'importance qu'ils n'en méritent. Nous aurions mauvaise grâce à railler l'érudition et les études de ces nouveaux professeurs de grec, mais nous voulons bien constater qu'expliquer et enseigner Anacréon ou Homère, ce n'est pas les continuer. Avec le musée des antiques, quelques peintures d'Herculanum, des dessins de poteries étrusques et le voyage du jeune Anacharsis en Grèce, on parviendra assez aisément à attacher correctement un péplum étroit sur une épaule, faire chausser une belle cnémide à un guerrier, mêler des bandelettes à la longue chevelure des bacchantes et des prêtres, et tout le reste de l'attirail d'un costume grec. Mais tout cela n'est que l'accessoire, le mobilier de l'art grec, et c'est ce qu'il est le moins important d'imiter.

Est-ce ainsi que l'on compris les néo-grecs? Peut-être, mais leurs intentions ne sont pas assez haut proclamées par leurs peintures et leur bonne volonté pas assez récompensée par le succès. — M. Hamon peut servir de preuve

à cette vérité : il est le chef reconnu et estimé par le public
de cette nouvelle école; c'est donc à lui de répondre pour
les autres.

M. Hamon a rencontré quelque part une petite fille
blonde, aux cheveux crépus et soyeux, aux yeux bleus, aux
bras potelés; il s'est épris de ce joli modèle, l'a grandi
sans la vieillir, lui a donné les vêtements d'une jeune
femme, a allongé sa figure, grossi ses bras, dessiné sa
taille et s'est imaginé de faire mouvoir cette poupée
dans de petits intérieurs grecs; — il a créé la nouvelle
école. C'est gracieux, frais, bien portant. Les nourrices
de Bourgogne ne forment pas des poupons plus roses
et plus joufflus. Aucune vierge n'a un regard plus bleu,
plus limpide, plus innocent. La pudeur la plus délicate
ne fait pas naître un incarnat plus velouté, plus discret
sur le visage des jeunes filles les plus timides. Jamais
bouche plus vermeille n'a eu à confier des secrets plus
aimables et plus naïfs. C'est le portrait de l'innocence à
dix ans, revêtue d'habits trop grands pour elle et empruntés à une sœur aînée. Voyez plutôt; ses mains n'ont
pas encore de veines, le sang ne circule pas sous cette
peau de lait, les pieds n'ont pas d'attaches; mais l'enfant
offre d'excellentes conditions pour se développer. Cette
figure, M. Hamon l'a reproduite dans tous ses tableaux.
Il l'a faite triste dans son fameux tableau des *Orphelines,*
rieuse dans *Ma Sœur n'y est pas,* douce dans *Ce n'est
pas moi.* Il l'enlumine comme une poupée de Nuremberg
dans son tableau du *Ricochet, Enseignement mutuel,* la
brunit dans ses *Fleurs,* la pâlit dans son *Papillon enchaîné :*
mais ce sont toujours des nuances d'une même physionomie, toujours la même candeur, la même grâce molle, la
même douceur moutonnière.

Est-ce là une beauté grecque? Je crois plutôt que
M. Hamon a trouvé ce type dans les pays d'Outre-Rhin,
dans une bonne petite ville germanique où fleurissent les
jeunes filles roses, aux vieilles vitres d'une maison gothique,
près d'un pot d'œillets ou de géraniums. On a mis un vête-

ment grec sur les épaules de cette jeune allemande, et elle achète des petits Dieux, des petites statuettes à quatre sous, à la boutique d'un marchand en tunique flottante qui pourrait bien porter une redingote et un gilet en drap de Hollande. On lui fait arroser des fleurs pâles, douces et mélancoliques comme un ciel d'Allemagne; elle enchaîne des papillons ou vole un rayon de soleil pour les peindre, réduit une cantharide en esclavage, — au lieu d'élever de petits oiseaux dans une jolie cage en osier suspendue au haut de sa fenêtre à moitié cachée derrière les guirlandes des volubilis ou des cobeas. Qu'y a-t-il de grec dans tout ces tableaux? Des costumes, des planches, des meubles, des inscriptions, des statuettes, des vases.

Il faut donc chercher ailleurs pourquoi on a nommé cette manière de peindre néo-grecque. On a l'habitude à peu près universelle de confondre sous le nom de grec tout ce qui offre à l'esprit quelque chose de gracieux, de simple, d'harmonieux, de calme. L'idylle surtout a plus que tout autre genre le privilège de passer pour grecque. Peut-être ne tient-on pas assez compte de tout ce que le génie grec a de sévère, de primitif, souvent de rude. Voici une épithète qui sonne mal, mais qui est cependant d'une grande vérité. Nous connaissons trop la Grèce par les Latins; c'est eux qui nous l'ont civilisée, raffinée, enjolivée. C'est Virgile qui a poli Homère, c'est Virgile qui a adouci Théocrite, c'est Horace qui a donné l'*urbanitas* à Anacréon. La littérature et l'art grecs ont bien plus de sève, de vigueur primitive, de nerf. Même dans les idylles, sous la molle caresse du langage Ionien on sent la passion, la rudesse des mœurs, la vie que n'ont pas encore amollie les délicatesses de la civilisation. — Est-ce une pareille émotion que nous trouvons dans la peinture de M. Hamon où tout est langueur, mollesse et (qu'on me passe le mot bien que le dictionnaire de l'Académie le considère comme inusité) maniérisme? — Les bergeries de M. Racan, les pastorales de M. de Florian, les plaisirs

champêtres de Watteau, ont bien plus fait l'éducation de
M. Hamon qu'il ne se l'imagine. En lisant Anacréon il pen-
sait à Mme Deshoulières. — De cela faut-il lui en vouloir ?
Pas le moins du monde. Ce genre là est un genre faux,
mais fort amusant. Ne sommes-nous pas accoutumés à bien
d'autres fictions ? Ne sommes-nous pas obligés, pour récréer
nos esprits, d'accepter comme des vérités bien des choses
de convention. La simplicité dans l'art en plein XIXe siècle !
— Il est bon de la demander, il serait excellent de l'obte-
nir, mais qui peut s'en faire une idée bien exacte, des
peintres ou des critiques ? Depuis Homère, il n'y a guères
plus rien de simple au monde, et encore il y a des gens
qui trouvent à Homère trop d'esprit. M. Hamon en a ; il
en a beaucoup ; mais c'est du plus moderne et, oserais-je
le dire dans une bonne acception, du plus bourgeois ? —
Tout le monde a vu son *Enseignement mutuel*. Quelle est la
petite fille qui n'a pas appris à sa poupée la leçon que lui
enseignait sa mère ? Que de pédantisme même dans une
tête de cinq ans ! Qui ne veut avoir des disciples ? Quand
on n'en a pas en chair et en os on s'en trouve en carton ou
en cire. Voilà un petit secret de famille que M. Hamon a
dérobé à quelque aimable intérieur parisien ; il l'a traduit
avec esprit et grâce.

M. Glaize, autre homme d'esprit, traite trop sérieusement
les petites choses et peut-être sans discrétion les sérieuses.
Ses *Amours à l'Encan* sont de drôles de petits gamins dont je
ne donnerais pas deux drachmes. Ils s'étalent impudemment
sur un immense comptoir auquel préside un cynique marchand et ils me paraissent manquer de la principale qualité
de leur emploi qui est le mystère. Ils sont cotés, classés,
enregistrés comme à la Bourse les valeurs, et paraissent
une assez mauvaise marchandise. D'abord ils se ressemblent
tous ; ils ont tous des ailes et malheureusement tous des yeux :
il eut mieux valu leur couper les ailes et les faire aveugles.
L'honnête Vien, connu par son patriotisme et les honneurs
dont il fut couvert, a fait du même sujet une peinture plus
simple et plus spirituelle dont l'original se trouve à Fontai-

nebleau; il eut soin tout au moins de mettre ses amours en
cage et de varier leurs physionomies. — L'autre tableau de
M. Glaize, *Devant la porte d'un Changeur*, est plus prétentieux.
C'est un chapitre des *Mystères de Paris*, moins la haine et
le scandale. Il ne faut pas avoir vécu huit jours dans la
capitale pour n'avoir pas remarqué une de ces pauvres
femmes aux vêtements de deuil, à la figure souffrante, entourée d'un mouchoir blanc, portant dans ses bras un
marmot maladif et barbouillé d'une mauvaise nourri-
ture, faisant tristement appel à la charité des passants
entre la boutique d'un changeur où s'étale impudemment
l'or et la bank-note et les colifichets d'une marchande de
modes. Cette femme jette sur les sébiles remplies un regard
de profonde misère, mais sans passion, sans jalousie. A
l'intérieur de la boutique, un gentleman anglais, jeune, en
tenue de voyage, le manteau élégamment rejeté sur un coin
de l'épaule, la casquette écossaise appuyée sur ses cheveux
luisants et parfumés, le cigarre à la bouche, attend négli-
gemment qu'on lui remette des louis de France en échange
des livres sterling qu'il a jetés sur le comptoir. Le contraste
est saisissant, l'idée morale, mais dangereuse. Il faudrait
que les riches seuls eussent ces images devant les yeux.
Dans quelques jours la gravure de ce tableau s'étalera sous
les vitrines d'un marchand d'estampes où s'arrêtent toujours les pauvres. Au lieu d'un enseignement, il y aura une
flatterie. Ainsi va le monde.

M. Isambert trouvait sans doute comme nous que les
Amours de M. Glaize avaient trop d'ailes; aussi veut-il les
punir et leur fait-il rogner sévèrement les ailes. C'est une
véritable *Exécution*. Seulement, comme tous les enfants
qu'on punit, les Amours de M. Isambert font une affreuse
grimace. De plus, à voir les bourreaux féminins de ces
pauvres petites victimes, on comprend qu'elles aient
mérité leur châtiment. Quand elle veut faire rester les
Amours au logis, une payenne est au moins obligée de
n'être pas laide; il ne suffit pas de leur couper les ailes. —
M. Droz célèbre à son tour la puissance de Cupidon, fils de

Vénus. Il veut qu'on lui dresse des autels, qu'on fasse
fumer de l'encens en son honneur, qu'on vienne en procession lui faire des vœux. Il est dans son droit, une fois
que nous avons bien admis que nous sommes en plein
paganisme. Mais son cortège a besoin du secours du
puissant Dieu. Sans doute il était irrité contre ses tristes
adorateurs le tout puissant Eros, puisqu'il leur a laissé
de si laides et si désagréables physionomies. Priez, tressez
des couronnes de roses, parfumez-vous, ô pauvre cohorte
d'abandonnés; que le Dieu de la Beauté vous orne au moins
de quelques-uns de ses dons. Cette *Obole à César* nous dé-
plaît aussi par son titre même. Le peintre a oublié quel
étrange emploi il fait d'une parole divine. Le « Rendez à
César ce qui appartient à César » est une parole d'évangile.
On est au moins choqué d'en voir cette satirique applica-
tion. Il y a de certaines délicatesses dont personne ne doit
se dispenser : le philosophe qui portait le nom de M. Droz
pourrait bien lui en apprendre beaucoup sur ce sujet.

Pour faire de l'antique, nous aimons qu'on soit franchement ancien comme M. Boulanger (Rodolphe) dans *Une
Répétition dans la maison du poète tragique à Pompei* : voilà
un vrai tableau d'antiquaire. M. Boulanger vient de Rome :
nous ne pouvons pas douter qu'il n'ait été au moins exact et
érudit. Les riches Romains à qui l'empire a créé de honteux
et odieux loisirs se vengent de la tyrannie non plus par les
armes comme leurs ancêtres, mais par d'ingénieuses satires,
des tragédies d'allusion, des morceaux mordants et spirituels.
Pendant que Néron fait trembler tout le monde à Rome et
applaudir ses folies sanglantes par la tourbe de ses flat-
teurs, quelques héritiers des familles proscrites échappent
à leur manière à ses scandaleux déportements. Dans cette
maison de Pompei, Maternus, le poète tragique, vient d'a-
chever sa tragédie de *Caton*, titre plein de promesses, titre
séduisant à l'ombre duquel va se cacher l'éloge des austères
vertus républicaines qu'on n'ose plus pratiquer, mais qu'on
sait encore admirer. La censure impériale ne peut pénétrer
jusque dans le secret de la galerie du poète. Il est là lui-

même déclamant ces vers plein de fougue, d'éclat, d'éloquence, dans lesquels revit le sentiment d'un glorieux passé, et respire l'espoir d'un meilleur avenir. Quelques jeunes orateurs, amis du poète, regrettant les franchises du vieux forum, encouragent de leurs applaudissements ces essais de liberté. On cause de la vieille éloquence, de la vieille poésie, des vieilles mœurs, de la vieille liberté; on discute, on s'anime, ou oublie pour quelques heures que Rome est au cirque et que Néron dispute à d'obscurs rivaux le prix de la poésie. M. Rodolphe Boulanger, de son pinceau sévère et tout Romain nous a fait penser à cette scène si intéressante : c'est le meilleur remerciement que nous puissions lui faire.

Si M. Meissonnier ne peint pas des tableaux dans le genre de celui de M. Boulanger, c'est bien parce que cela ne lui plaît pas. Il est convenu depuis bientôt 10 ans que M. Meissonnier a au bout de sa palette toutes les couleurs, dans sa mémoire toute la science, dans sa tête toutes les facultés. Approchez-vous de ses petits cadres si luisants et si propres. Attendez que la foule vous laisse à votre tour une place pour admirer. Miéris n'est pas plus fini, Metzu plus vrai, Gérard Dow plus parfait. Petits tableaux et grande peinture. Je ne louerai pas M. Meissonnier de la délicatesse et de la fermeté de son pinceau, de sa patience, de sa correction; il fait sans doute en ce genre des prodiges dont la loupe pourrait dévoiler les secrets microscopiques; il lutte de précision avec la photographie et de netteté avec la gravure; l'aquarelle n'est pas plus fine ni le soleil plus habile : mais j'aime mieux ses autres qualités, le naturel dans les attitudes, l'expression qu'il sait faire vivre sur les visages les plus petits, la grâce et le mouvement qu'il met dans toutes ses œuvres. — On a reproché, peut-être avec raison, à M. Meissonnier de ne pas assez sacrifier certains détails pour mieux faire valoir l'ensemble d'une composition, de tout lécher avec le même soin depuis la plus délicate ciselure de la poignée d'une épée jusqu'au moindre brin de paille de la plus modeste chaise. L'amour

de l'infiniment petit a ses dangers comme le laisser-aller.
Mais combien plus charmants sont ces défauts que ceux de
ces obscurs barbouilleurs qui, pour cacher leur maladresse
et leur insuffisance, professent le dédain le plus superbe à
l'endroit des gaucheries ou des négligences de l'exécution !
Combien de gens sont négligents parce qu'ils n'ont pas assez
d'habileté pour être soigneux, et qui accusent de ce qu'ils
appellent de légères imperfections, la fougue de leur talent
et l'emportement de leur génie ! Si on reproche à M. Meissonnier d'être trop scrupuleux et trop consciencieux, c'est
donc bien pour ne pas louer en un seul homme toutes les
qualités réunies. Rien ne peut faire autant de plaisir que
son *Homme à la fenêtre.* C'est simple comme la vérité. Dans
un joli petit cabinet meublé avec art, un brave homme
tranquillement assis sur sa chaise, les jambes croisées avec
un naturel parfait, se livre à un doux tête à tête avec un
bon livre qui paraît lui raconter des choses très-intéres-
santes. Car le lecteur ne détourne même pas la tête pour
admirer un charmant petit coin de paysage que nous
laisse voir dans le lointain une croisée entr'ouverte.
On voudrait être ce petit homme, tant il paraît heureux
dans sa chambrette. Bien des gens aussi voudraient être
M. Batta pour avoir de leur personne un aussi bon portrait
que celui du célèbre violoncelliste. On parle souvent de
style. On ne sait pas bien ce que c'est et il n'est pas aisé de
le définir. On n'a qu'à regarder le portrait de M. Batta. Si
un peintre, pour avoir du style, doit savoir inspirer les
traits, animer la physionomie, faire passer l'âme tout entière sur un visage d'homme, le portrait de M. Batta a du
style et du meilleur.

C'est précisément ce qui manque à M. Florent Willems.
Aimez-vous les robes de satin blanc ? Allez voir ses peintures. Il n'y a pas de par toute la Belgique un peintre qui
casse mieux leurs plis, fasse mieux chatoyer leurs reflets,
glace plus savamment leurs ombres. Ses robes blanches
brillent sous le plus petit rayon de soleil ; l'ombre la plus
mince les assombrit ; le vent le plus léger les fait frémir.
Le satin blanc a enfin trouvé son peintre. Que les têtes

aient de l'expression, les poses du naturel, le dessin de la correction, les personnes de la vie, la composition de l'intérêt, les planches et les tentures de l'équilibre, l'idée de la finesse, M. Florent Willems n'en a cure ni souci ; il peint du satin blanc : laissons le donc à son étoffe et à ses imitateurs ; car le satin blanc a fait école.

M. Chavet a le courage de ses opinions ; c'est un grand mérite ; quel malheur que ses opinions ne soient pas meilleures ! on dit de tous côtés à M. Chavet : courage, vous froudez les préjugés, vous devenez indépendant, vous faites entrer la peinture dans une voie nouvelle ; vous laissez bien loin les Teniers et les Van-Ostade. Après ce dernier compliment qui ressemble si fort à une ironie, on peut juger de ce que valent les éloges. Cela rappelle « l'Ours et l'Amateur de jardin. »

> Rien n'est si dangereux qu'un imprudent ami ;
> Mieux vaudrait un sage ennemi.

Les amis de M. Chavet sont bien imprudents. Jusqu'ici on s'était contenté de le comparer à M. Meissonnier. C'est bien à tort qu'il dédaignerait cette comparaison. Ce n'est pas à coup sûr ni son *Estaminet en* 1857, ni sa *Partie de Dominos* qui lui donneront la supériorité.

M. Alfred Stevens, tout belge et bourgeois qu'il soit, mériterait mieux une si honorable comparaison. M. Stevens peint ou plutôt dessine très-finement de petits intérieurs. Il a une couleur un peu sèche, grise, indécise. Mais il dispose agréablement ses personnages, compose avec esprit et rend, sinon avec grâce, au moins avec vérité. Sa *Petite Industrie* et sa *Consolation* sont des tableaux que tout le monde a remarqués avec faveur même après les cadres de M. Meissonnier. — On en peut dire autant de M. Frère (Edouard). On a beaucoup loué surtout une scène pleine de naïveté, *Les Images*. Dans une humble salle de campagne toute nue et délabrée, je ne sais quelle main fantaisiste a collé sur une des parois de mauvaises images enluminées aux fabriques d'Epinal et qui représentent des soldats, des costumes ou l'histoire de Barbe-Bleue. Un pauvre petit enfant en blouse bleue, coiffé d'un large feutre, les contemple, le cou tendu, les yeux fixes, les mains derrière le dos, dans toute l'attitude de la plus vive satisfaction. Cette scène est rendue avec un abandon et un naturel qui attirent toujours beaucoup d'exclamations admiratives. — S'il ne fallait juger les tableaux de M. Knaus que par le succès qu'ils obtiennent, on ne saurait non plus se lasser d'admirer. M. Knaus, à qui un très-grand succès à l'exposition de 1855 rendait plus difficile un second triomphe, a su cependant dans deux bons tableaux, *Le Convoi* et *Les petits Fourrageurs*, se maintenir à la hauteur de sa réputation : il a de la vigueur, du mouvement; s'il savait peindre les paysages qui servent de cadre à ses compositions, il serait voisin de la perfection.

De cette longue course à travers tous les genres de peinture représentés à l'exposition, que conclure? Pouvons-nous affirmer, au milieu de toutes les tendances individuelles de nos artistes, qu'il existe entre eux quelque lien qui puisse former une école française? Sommes-nous en progrès, sommes-nous en décadence? Pouvons-nous rivaliser avec les écoles passées ou devons-nous tout attendre d'un avenir meilleur? — Poser ainsi les questions, c'est montrer qu'elles sont insolubles. Ces choses-là ne se jugent bien qu'à distance. Ceux des maîtres qui font école sont absents; les élèves sont dispersés; l'unité de l'école française paraît bien brisée. Mais qui sait si nous ne verrons pas dans trente ans qu'au milieu de ce chaos apparent se cachait dès maintenant un germe plein de mystérieuses et magnifiques promesses d'avenir? — Il faut donc maintenant se contenter de nos admirations et de nos études isolées. L'exposition qui vient de se fermer a pu prouver aux plus incrédules que le goût des arts allait croissant en France. Fasse le ciel que le génie des belles choses ne décroisse pas en même temps que s'accroît leur culte dans le public!

Fr. B. *et* Alf. P.

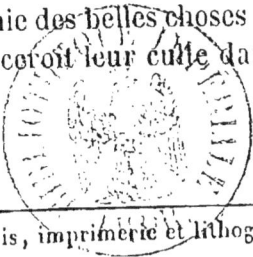

Senlis, imprimerie et lithographie de REGNIER.